废弃 PE/PP 共混及其对沥青改性与工程应用技术

张文才 著

吉林大学出版社
·长春·

图书在版编目（CIP）数据

废弃 PE/PP 共混及其对沥青改性与工程应用技术 / 张文才著. --长春：吉林大学出版社，2024.11.
ISBN 978-7-5768-4587-7
I. TE626.8
中国国家版本馆 CIP 数据核字第 2025G6580D 号

书　　名：废弃 PE/PP 共混及其对沥青改性与工程应用技术

作　　者：张文才
策划编辑：黄国彬
责任编辑：刘　丹
责任校对：赵　莹
装帧设计：卓　群
出版发行：吉林大学出版社
社　　址：长春市人民大街 4059 号
邮政编码：130021
发行电话：0431-89580028/29/21
网　　址：http://www.jlup.com.cn
电子邮箱：jdcbs@jlu.edu.cn
印　　刷：天津和萱印刷有限公司
开　　本：787mm×1092mm　　1/16
印　　张：11.5
字　　数：241 千字
版　　次：2025 年 3 月第 1 版
印　　次：2025 年 3 月第 1 次
书　　号：ISBN 978-7-5768-4587-7
定　　价：58.00 元

版权所有　翻印必究

前　言

聚合物改性沥青是解决目前沥青路面病害重要的技术手段之一，所使用的聚合物包括：热塑性弹性体、塑料、橡胶，其中塑料类聚合物有利于沥青路面使用寿命的延长和稳定性的提升，但新塑料价格高昂，不利于推广应用。废弃塑料在改性沥青及其混合料中的应用，不仅能减少环境污染、节约资源，改善改性沥青路面性能，而且与新料或其他主流改性剂相比，具有明显的性价比优势，市场应用前景广阔。由于目前占废弃塑料比例最大的 RPE（废弃聚乙烯，Recycled Polyethylene）与 RPP（废弃聚丙烯，Recycled Polypropylene）类改性剂材料成分单一、改性沥青存储稳定性欠佳以及缺乏系统性研究等，限制了其推广应用。本文采用熔融共混法制备了 RPE/RPP（废弃聚乙烯/废弃聚丙烯共混物）类改性剂，研究了改性剂的性能以及对沥青性能影响，确定了改性剂最佳制备工艺及配比，并进行了实体工程规模化应用，对于该改性剂的市场推广应用具有明显指导意义，所取得研究成果如下：

（1）RPE、RPP 的结构及性能表征，包括：熔融指数、力学性能、红外光谱、DSC 及 TG 分析，为后续共混物配方的确定提供依据。与 VPP（新料聚丙烯，Virgin polypropylene）相比，RPP 熔融指数增加 39.16%，粘度降低，而 RPE 变化则相反。RPE、RPP 的力学性能均出现下降，但变化最显著的是断裂伸长率，与 VPE（新料聚乙烯，Virgin polyethylene）、VPP 相比，分别降低 73.74%、37.16%。红外光谱分析表明：RPE、RPP 产生了新的羟基、羰基或羧基基团，且与 RPE 相比，RPP 中羰基或羧基基团含量较少。DSC 分析表明：RPE 在较宽温度范围内出现了结晶峰，可能含有微量 RPP，而 RPP 中出现了主结晶峰与肩峰。

（2）通过不同配比 RPE/RPP 力学性能表征分析，最终确定 6∶4（RPE/RPP 质量比）为最佳配方，这与 RPE、RPP 中羟基和羧基等官能团的数量和反应达到饱和有关。RPE/RPP 的缺口冲击强度和断裂伸长率随 RPP 含量的增加先增大后减小，但对拉伸强度和弯曲强度影响较小。并通过建立化学模型，采用分子模拟方法监测了RPE/RPP比为6∶4和8∶2时体系的变化，当RPE/RPP比为6∶4时，体系能量较低，氢键数较高，这也证实了上述实验结果。

（3）为了改善RPE/RPP共混体系的相容性，从而提高其性能，选择分区加料的双螺杆挤出机，采用熔融共混法制得TBM（废弃聚乙烯/废弃聚丙烯/聚丙烯接枝马来酸酐三元共混改性剂，RPE/RPP/PP-g-MAH, Ternary Blend Modifier）。通过力学性能、红外光谱、SEM、DSC及TG表征分析，研究了PP-g-MAH的含量对RPE/RPP共混体系性能的影响，结果表明：RPE/RPP/PP-g-MAH=6∶4∶0.7（质量比）性能最佳，并对PP-g-MAH增容RPE/RPP共混体系的机理进行分析。

（4）研究了PP-g-MAH含量对TBM改性沥青性能的影响，每组实验中TBM的质量均为沥青质量的4%。随着PP-g-MAH含量的增加，TBM改性沥青的粘度、软化点逐渐增大。而延度则先减小后增大，在PP-g-MAH含量为7%时延度最小。流变性能分析表明：PP-g-MAH含量在3%~7%时，改性沥青高温性能改变最为显著，且在实验范围内$|G^*|\cos\delta$和δ逐渐降低。与基质沥青相比，TBM改性沥青抗疲劳性能变差。最终确定PP-g-MAH含量为7%，TBM添加量为4%的（以沥青质量计）改性沥青性能最佳。

（5）研究了PE-g-MAH（聚乙烯接枝马来酸酐）含量对BBM（废弃聚乙烯/聚乙烯接枝马来酸酐二元共混改性剂，RPE/PE-g-MAH, Binary Blend Modifier）改性沥青系性能影响。因RPE、PE-g-MAH含有相同的分子链PE，增加了二者之间的物理缠结作用，另一方面PE-g-MAH活性基团可与沥青中的碱性基团发生反应，形成分子链网络结构有利于改善BBM改性沥青的存储稳定性，且当PE-g-MAH含量≥7%，软化点差满足$\Delta T \leqslant 2.5$℃。另外，随着PE-g-MAH含量增加，BBM改性沥青软化点升高、针入度降低，对高温性能有所改善，且PE-g-MAH含量与其改性沥青粘度成线性相关。随着PE-g-MAH含量增加，BBM改性沥青$|G^*|$、$|G^*|\sin\delta$、$|G^*|/\sin\delta$、$|G^*|\cos\delta$增加，δ则降低。-18℃条件下BBR（Bending Beam Rheometer）实验表明：PE-g-MAH含量大于4.88%时，m-value>0.3，且实验条件下S值均小于300MPa。

（6）对比分析了不同PP-g-MAH、PE-g-MAH含量对TBM、BBM改性沥青混合料路用服役行为影响。实验结果表明，随着PP-g-MAH、PE-g-MAH含量的增加，对应改性沥青混合料强度（马歇尔稳定度）、动稳定度、浸水残留强度比、冻融劈裂残留强度比均增加。在PP-g-MAH、PE-g-MAH含量相同条件下，前述指标TBM改性沥青混合料明显高于BBM。对于低温抗裂性能，仅在PP-g-MAH、PE-g-MAH均不小于7%情况下，满足最大弯拉应变不小于2500με要求，且实验范围内BBM改性沥青混合料低温性能较优。

(7) 应用两条分区加料双螺杆挤出工业化设备制备了 TBM，并进行了自检和外委托检测，均满足相关指标要求。比较分析了 TBM 为 0%、1%、5%、9%、13%（以沥青质量计）含量时改性沥青常规指标和微观形貌变化。确定了最佳干拌工艺参数，研究了 TBM 为 0.0%、0.2%、0.3%、0.4%、0.5%含量（以基质沥青混合料总质量计）对 AC-20 性能影响，结果表明：TBM 明显改善了改性沥青混合料高温性能，一定含量 TBM 对改性沥青混合料低温性能、水稳定性有所改善。抗老化性能影响分析表明，TBM 改善了混合料抗老化性能，但高温对抗老化性能有负面影响。

(8) 自制全自动加料机，采取干拌和工艺添加 TBM，通过实体工程中面层 AC-20 路面铺筑，取得了明显的经济及社会效益。本改性剂成本价 5500~6500 元/吨，与国外进口同类产品相比具有明显的价格优势，且经实体工程应用各项技术指标满足工程应用需求，经济与社会效益明显，具有广阔的市场前景。

目 录

第1章 文献综述及选题意义 ·· 1
  1.1 课题背景 ··· 1
  1.2 废弃塑料产量 ··· 3
  1.3 废弃塑料处置 ··· 5
  1.4 废弃塑料分类 ··· 9
  1.5 共混改性机理及 RPE/RPP 共混改性研究现状 ································· 11
  1.6 RPE/RPP 改性沥青及其混合料研究现状 ·· 16
  1.7 本课题研究目的、研究内容 ·· 27

第2章 RPE/RPP 性能影响及机理研究 ·· 32
  2.1 引言 ·· 32
  2.2 实验部分 ··· 33
  2.3 结果与讨论 ·· 35
  2.4 本章小结 ··· 46

第3章 PP-g-MAH 对 TBM 性能影响及机理研究 ·· 48
  3.1 引言 ·· 48
  3.2 实验部分 ··· 49
  3.3 结果与讨论 ·· 51
  3.4 本章小结 ··· 59

第4章 PP-g-MAH 对 TBM 改性沥青性能影响及机理研究 ································ 61
  4.1 引言 ·· 61
  4.2 实验部分 ··· 62
  4.3 结果与讨论 ·· 66
  4.4 本章小结 ··· 79

第5章 PE-g-MAH 对 BBM 改性沥青性能影响及机理研究 ·············· 81
5.1 引言 ·············· 81
5.2 实验部分 ·············· 82
5.4 本章小结 ·············· 93

第6章 TBM、BBM 改性沥青混合料路用服役行为对比研究 ·············· 95
6.1 引言 ·············· 95
6.2 实验部分 ·············· 95
6.4 本章小结 ·············· 106

第7章 TBM 对改性沥青及其混合料性能影响研究 ·············· 108
7.1 引言 ·············· 108
7.2 原材料 ·············· 109
7.3 TBM 制备及性能测试 ·············· 109
7.4 TBM 改性沥青及其混合料样品制备与测试方法 ·············· 112
7.5 结果与讨论 ·············· 113
7.6 本章小结 ·············· 128

第8章 TBM 改性沥青混合料的工程应用研究 ·············· 130
8.1 引言 ·············· 130
8.2 工程概况 ·············· 131
8.4 混合料配合比设计 ·············· 134
8.5 智能投料机原理及投料工艺 ·············· 136
8.6 各工序温度控制参数 ·············· 138
8.7 钻芯取样分析 ·············· 138
8.8 效益分析 ·············· 143
8.9 本章小结 ·············· 145

第9章 主要结论与展望 ·············· 146
9.1 主要结论 ·············· 146
9.2 创新点 ·············· 147
9.3 存在问题及今后研究建议、展望 ·············· 148

参考文献 ·············· 150

附录（检测报告） ·············· 168

攻读学位期间取得的研究成果 ·············· 172

第1章 文献综述及选题意义

1.1 课题背景

加强公路交通建设对我国经济发展至关重要,不仅能加快地区之间的交流发展,增加就业,改善人们出行方式,更能推动社会经济快速发展。随着经济高速发展,我国公路建设在速度、质量、等级、规模、服务等方面均创造了"中国速度"[1]。在我国已建成的高等级公路中,与水泥混泥土路面相比,沥青路面占绝大部分,特别是在高速公路中,占比已超过90%,所以沥青路面在我国公路领域发挥着重要作用[2,3]。尽管沥青混合料结构路面具有车辆行驶舒适、噪音影响较低、维修方便等优点,但我国经济的快速发展使得交通基础运输业急速增长,各种大吨位车辆不断增加,超载及交通拥堵等现象较为严重,导致沥青路面使用寿命缩短,路面病害随处可见,这势必引起行车安全和后期维修费用增加等诸多问题[4,5]。沥青路面较为常见病害主要有泛油、开裂、沉陷、坑槽、车辙等,部分病害如图1-1所示。

图1-1 沥青路面病害(a)车辙和(b)车辙与轻微泛油

针对沥青路面存在的病害问题，相关科研技术人员通过优化路面结构设计、新材料及新工艺应用等方面进行了大量相关研究，其中聚合物改性沥青及其混合料技术就是其中之一。聚合物改性沥青技术源于改善基质沥青材料性能，延长沥青路面使用寿命，降低病害发生频率和程度，增强改性沥青与集料之间的粘附性等功能所需而产生的一种技术，它是由聚合物与沥青通过物理、化学作用或二者共同作用混合而成，通常聚合物占沥青质量约为3%~7%，聚合物改性沥青一般是在高速剪切力作用下聚合物在熔融沥青中简单机械分散而成。目前所用改性剂可分为聚合物类改性剂和非聚合物类改性剂两大类，其中聚合物类改性剂包括：热塑性弹性体、树脂、橡胶三类。聚合物改性剂是近年来全球研究的热点技术，对于树脂类改性剂主要包括：新料或废弃聚丙烯(PP)、新料或废弃聚乙烯(PE)、聚甲醛(POM)、乙烯-醋酸乙烯共聚物(EVA)、聚氯乙烯(PVC)等，由于该类材料具有较强的机械性能和抗磨性能，因此，所制备的改性沥青混合料通常具有较好的高温性能和抗冲击变形能力，有利于沥青路面使用寿命的延长和稳定性的提升[6]。然而新料聚合物价格较高，限制其在沥青混合料路面中的推广应用，经过对新料聚合物与废弃料聚合物对比调查分析，废弃料聚合物在沥青混合料路面中应用可以达到与新料聚合物沥青混合料相当的技术指标要求，这为废弃料聚合物在交通建设中的应用提供了可能[7]。

邓炜航等人[8]综合分析了我国目前废弃塑料利用现状及未来发展趋势，指出：塑料制品的重要原材料是石油，粗略预测世界石油储量将在未来50年内用完，我国50%的石油和42%的塑料依赖进口，因此，我国自然将废弃塑料再生利用作为重大战略之一。目前全球塑料产量已超过3×10^8吨，预计到2050年达5×10^8吨，其中20%产自中国，塑料制品大部分为一次性产品，导致废弃塑料产量较大，然而对其回收再利用仅为约10%，塑料制品为人们生活带来极大便捷，但因其固有耐磨性、耐腐蚀性、耐老化性等导致其在自然环境中很难通过物理、化学及生物作用发生降解，从而加剧全球废弃塑料这种白色污染日益严重，已引起全世界广泛关注[9,10]。人们常说"垃圾是放错地方的资源"，而废弃塑料的资源化是全世界的"静脉产业"。若将困扰全世界的两大难题"垃圾过剩"和"资源短缺"有机地结合起来，将"垃圾塑料"变废为宝意义重大。该进程需从完善相关法律法规、形成产业化应用规模、加强技术创新四方面去推动[11]。相对于新塑料而言，废弃塑料不仅成本优势明显，而且在老化过程中可能发生分子链交联或断裂以及产生新的"活性基团"为再利用提供有利条件，更为重要的是废弃塑料的再生利用对减轻环境污染，保护地球资源同样至关重要。

从政府层面看，2019年9月9日习近平总书记主持召开中央全面深化改革委员会第十次会议，审议通过《关于进一步加强塑料污染治理的意见》。2020年国家发展和改革委员会、生态环境保护部两部门联合发布《关于进一步加强塑料污染治理的意见》，明确提出规范废弃塑料回收再利用，推动该产业向规范化、集中化、产业化方向发展。与此同时，我国还推出"无废城市"、"美丽乡村"建设等一系列政策措施，确保废弃塑料再生利用行业健康发展。在2022年3月2日闭幕的第五届联合国环境大会上，与会各国共同签署在2024年前必须完成《终结塑料污染：制定具有国际法律约束力的文书》全球决议，这是自《巴黎协定》以来最重要的环境多边协议，标志着世界各国对于废弃塑料污染治理问题上升到立法阶段[12]。目前中国所执行的对废弃塑料限制进口等措施，进一步激发了全球工程技术人员对于废弃塑料的分析、处置、再利用等相关技术研究及工业化应用的热潮[13]。

VPE和VPP是塑料制品的两种主要原材料，RPE和RPP仍是2020年主要塑料废弃物[14]。相对于能源利用和填埋处理废弃塑料而言，回收利用是最好的处理方式[15,16]。因此，各国科技人员已对废弃塑料进行了大量的再利用相关方面的研究，如将其用于基础设施建设就是重要的再利用方式之一[17]。废弃塑料改性沥青与新塑料改性沥青性能基本接近，且废弃塑料的利用在降低交通建设成本及其对环境的影响方面显示出巨大的潜力[7,15,18]。

因此，世界各国工程相关技术人员、科研院所相关研究人员均在积极研究废弃塑料对改性沥青及其混合料性能影响、相互作用机理及在工程应用中的实际效果。这对提高全球资源利用效率，减轻废弃塑料对环境的影响，改善沥青路面路用应用功能，延缓沥青路面使用寿命，降低交通建设与维修成本，增加企业效益及延伸产业链发展均具有重要的意义。

1.2 废弃塑料产量

因塑料具有轻质、耐磨、防腐以及易成型等诸多优越的性能，便于满足人们日常生活等各方面所需，已广泛应用在工业、农业以及其他领域，是世界上最重要、应用最广泛的材料之一[19]。目前已有各种各样的塑料制品，其原材料来源及种类丰富，常见塑料类型及其主要制品如下表1-1所示。

表1-1 常见塑料类型及其主要制品[20]

塑料类型	主要制品
VPE	常用薄质、热水瓶壳、包装货、桶、水管、周转箱、碗、杯、盘等日用品
VPP	编织袋、汽车保险杠及仪表板、薄膜、盆、桶、捆扎绳、打包带、盘等日用品
PVC	板材、薄膜、管材、异型材、泵壳、电线、电缆、鞋类等日用品

PS	透明日用器皿、泡沫塑料、灯罩和电器零件、牙刷柄、仪表外壳、玩具等
EVA	薄膜、食品包装袋、发泡制品、电线电缆、黏合剂、涂层、缓冲垫、管材等
ABS	电源外壳及部件、机器零件、蓄电池槽、汽车部件、玩具、文具、乐器等
PET	薄膜、饮料瓶、汽车零件、电子电器零件、机械零件、涤纶纤维
PA	机械零件、汽车部件、薄膜、接线柱、开关和电阻器、体育用品、拉链等

注：ABS—丙烯腈-丁二烯-苯乙烯；PET—聚对苯二甲酸乙二醇酯；PA—聚酰胺。

Roland Geyer 等人[21]估计，截至 2017 年底全球已生产塑料达 83 亿吨。2018 年全球塑料产量达 3.6 亿吨，中国产量约 1.08 亿吨[22]。而在 2019 年全球塑料产量 3.7 亿吨，其中欧洲产量就占 5800 万吨，中国占比 31%（1.147 亿吨）[23]。2020 年全球塑料消费量达 3.67 亿吨[24]。据此推测，随着全球经济的快速发展，以及疫情后各行业逐步恢复健康运行，不论是全球还是中国，塑料产量整体会呈现逐年上升趋势，势必直接影响废弃塑料产量。如 2020 年全球废弃塑料产生量 2.5 亿吨，而仅采取焚烧方式处置废弃塑料产生的 CO_2 排放量约 12.5 亿吨[25]，直接影响全球碳排放量，加剧环境污染。因此，对废弃塑料合理化处理、处置提出更高要求。

因材料特性等因素，绝大多数塑料制品在使用不到一年或一次性使用后就成为废弃塑料，但因其固有的多功能性、轻质等特点使其具有再生利用价值[26]。其中四大通用塑料（VPE、VPP、PS 及 PVC）中约 45% 的塑料使用寿命不足 2 年，具体信息如下表 1-2 所示。

表 1-2 四大通用塑料制品平均使用寿命信息[27]

制品种类	1~2 年寿命	3~5 年寿命	6~9 年寿命	≥10 年寿命
VPE	67%	20%	10%	3%
VPP	38%	20%	34%	8%
PS	40%	25%	35%	0
PVC	35%	15%	20%	30%
均值	45%	20%	25%	10%

塑料原材料产量较大，制品种类繁多，但是不规范生产、使用塑料制品，不科学堆放废弃塑料，塑料制品固有的使用寿命较短，以及在自然界中无法短期降解，可以稳定存在几百甚至上千年等因素，导致废弃塑料产量较大[28,29]。据生态环境保护部统计[30]，2017 年我国固体废弃物产生量 1×10^{10} 吨，其中废弃塑料约为 6.3×10^{7} 吨，占比约 0.6%，而且随

着我国综合经济实力快速提升，废弃塑料产量呈现逐年增加趋势。因此，对于废弃塑料在自然环境中长期积累，所导致的环境污染及资源浪费表现日益突出，综合治理、回收利用显得尤为重要。以VPP为例，双玥[31]综合分析了其在我国的发展状况，认为自20世纪50年代VPP产业化以来，历经上世纪的高速发展，本世纪的持续发展，预计2025年全球产能将超过9000万t/a，主要集中在亚洲、西欧、北美及中东，中国的产能为全球之冠。VPP生产原材料是由石油、煤炭、天然气等不可再生资源构成。VPP产品本身不能生物降解或降解速度十分缓慢，极易产生白色污染，VPP产能大、用途广，也就意味着不可再生资源消耗多，白色污染物堆积多，因此，必须加大RPP循环再利用经济发展。

前述2018年全球塑料产量3.6亿吨，其中所包含的主要塑料种类有：VPE、VPP、聚苯乙烯、聚氯乙烯等，其被使用之后，仅有6%~20%回收再利用[22]。2020年中国物资再生协会再生塑料分会统计表明[32]：2019年全国废弃塑料产生量$6.3×10^7$吨，回收再利用量$1.89×10^7$吨，仅占比30%。2022年人民政协报告显示[33]：2020年中国产生废弃塑料约6000万吨，其中回收量约为1600万吨，总体回收率为26.7%。纵观分析我国近年来废弃塑料回收利用率占比约30%左右，仍有70%左右，约5000万吨未被回收利用，加之废弃塑料自然老化降解速度十分缓慢，废弃塑料对环境和人体健康危害逐步加剧。因此，科学、合理、规模化再利用废弃塑料不仅有利于节约资源，更有利于减轻对环境以及人类健康的危害。

1.3 废弃塑料处置

梁佳蓓[34]总结了废弃塑料的主要危害有：造成疾病传播、影响环境卫生；造成大量土地资源浪费；造成地下水、地表水等水源污染；造成大气污染；造成土壤污染等，最终对人类健康产生危害。若不尽快加大废弃塑料回收利用步伐，势必导致环境日益恶化、资源日益枯竭。对全球废弃塑料产生量、处理方式、处理量分析及预测表明[35]：废弃塑料在2050年预计产量约270亿吨，被遗弃量与被焚烧处置量均为125亿吨，而再利用量仅75亿吨，具体信息见图1-2。

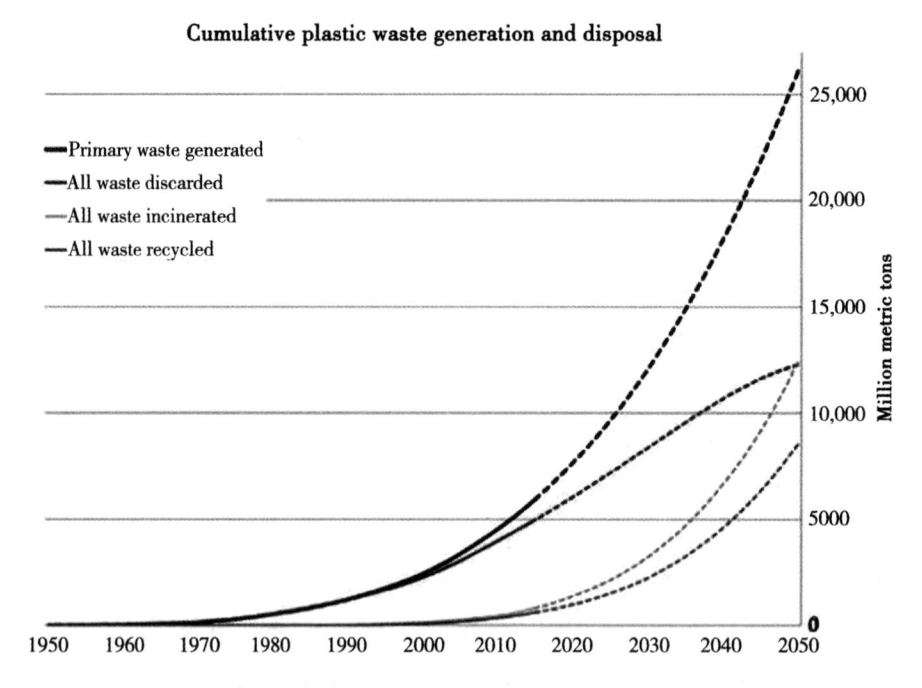

图 1-2 累积塑料废弃物的产生和处置量(其中：实线显示的是 1950 年至 2015 年的历史数据；虚线表示对 2050 年历史趋势的预测)[35]

目前国内废弃塑料主要处置方式有填埋、再利用、焚烧、热裂解及随意丢弃等。相关文献分析表明[36]，1949~2018 年总体统计分析我国上述四种处理方式占比如图 1-3 所示。相比较而言，回收再利用占比较低，废弃塑料对环境影响形势十分严峻。

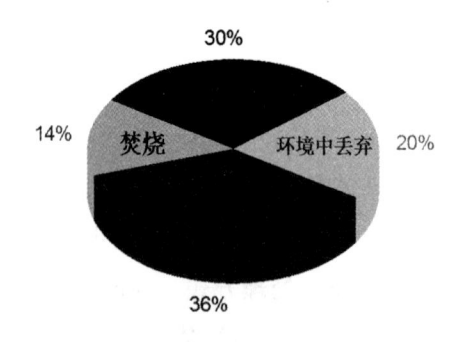

图 1-3 1949~2018 年总体统计分析各种处理方式占比

截止 2015 年底，全世界共产生废弃塑料垃圾 6.3 亿吨，其中垃圾填埋场或丢弃处置占 79%，焚烧处置占 12%，其余仅 9% 被回收再利用，如果按照目前的生产和废物管理趋势继续下去，到 2050 年，大约 1.2 万吨塑料垃圾将被填埋或堆积在自然环境中[32]。中科院工程塑料国家工程研究中心主任季君晖此前提供的数据显示[37]：全世界每年产生的所有废弃塑料中，仅有约 35% 回收再利用，约 12% 焚烧或裂解处置，其余则丢弃于自然环境中，具体包括46%陆地堆积或填埋，7%进入海洋。仅在新冠疫情期间全球193个国家共产生约800万吨与疫情有关的塑料垃圾，其中仅被丢弃进入海洋约占2.6万吨。与截止2015年对废弃塑料分析数据相比，尽管回收比例提升，但随着全球塑料产量及其制品使用量的逐年攀升，仍存在大量废弃塑料需通过焚烧、填埋等简单处理方式进行最终处置。另有文献报道[38,39]，废弃塑料有大约30%在材料回收厂进行处理或再利用，剩余70%被填埋，填埋的处理方式污染土壤、地下水等生态环境。总体分析近年来废弃塑料处理情况发现，尽管随着环保意识和人们对生活水平要求越来越高，但仍有大量的废弃塑料得不到合理再利用，最终会对环境与人类产生不可挽回的危害。

韩丹等人[40]指出：对废弃塑料处置方式一的填埋技术因其处理成本相比较低，是2013年前各国所采取的主要方式，该处理方式不仅占用大量土地，造成地下水污染及通道阻塞，同时浪费了大量废弃塑料资源。废弃塑料填埋处置后的自然降解速度相对较慢，主要由于废弃塑料中含有氮、氯等元素分子键以及塑料含量较少的塑料改性剂进一步增强废弃塑料的稳定性[41]。根据相关文献报道[42]，填埋方式处置的废弃PVC地膜材料在土壤中依靠自然降解需要200~400年的时间，从而破坏土壤固有的理化结构，影响肥料的迁移与分布，最终导致农作物产量降低。据统计[43,44]，欧盟28个成员国2016年塑料废弃物总量达2710万吨，其中27.3%被填埋处理，势必对填埋区域及其周边土壤、地下水等产生影响，进而影响到动植物甚至人类身体健康。

万建军等人[45]指出：焚烧热能利用技术，处理成本也较低，处理效率相对较高，但在焚烧过程中会伴随二噁英类、呋喃等高有毒有害气体物质，以及由于废弃塑料中含氯、氮及各类助剂等在焚烧时易产生NO_x、HCL、HBr等酸性气体（如PVC、PU等），而且含有金属类塑料在焚烧时还产生烟尘，以及焚烧炉渣等处理不当容易产生二次污染。同时由于废弃塑料原料的热值差异性，组成的不稳定性，易导致其焚烧不稳定。因此，随着能源资源的日益枯竭，焚烧废弃塑料是一种对资源的极大浪费[46]。如何对废弃塑料合理化处置，降低与日俱增的环境问题，减少碳排放量已成为全球共同面对的挑战。如仅2020年全球因废弃塑料焚烧处置所产生的CO_2排放量达12.5亿吨[25,47]。

如果废弃塑料不进行合理化处理、处置，随意露天堆放，经风吹日晒雨淋后，其中的有毒、有害物质会从废弃塑料中溶解出。随雨水径流渗入土壤，对土壤、地下水、地表水产生污染，进而影响到动植物健康[48]。未经处置的废弃塑料也会作为温室气体的来源在很长一段时间内加剧温室效应[49]。以及废弃塑料随意丢弃，老化降解较慢，易导致有害动物及病菌的滋生，加速了疾病传播，对动植物生存存在潜在危害，最终影响人类健康。更可怕的是目前已在人类粪便中检测到微塑料，2018年，维也纳医科大学的研究团队更是首次得到证实，塑料污染物确已进入人类食物链中[50]。同时，废弃塑料含水率较低、易燃，存在潜在的火灾安全事故隐患[31]。总之，随意丢弃的废弃塑料对环境的危害十分严重,甚至已经通过大气、地表水、地下水影响到人类健康,图1-4为废弃塑料造成污染的一个典型照片。

图1-4 废弃塑料造成的环境污染

2018年起欧盟正在积极推进产品的全寿命循环使用政策,到2030年欧盟的目标是实现城市废物65%回收,包装废弃物75%回收[51]。2020年1月19日中华人民共和国国家发展改革委和生态环境部联合发布《关于进一步加强塑料污染治理的意见》中首次提到"塑料污染",将塑料污染治理上升到国家层面这一个新的高度加强管理。同年4月10日国家发改委在其网站发布了《禁止、限制生产、销售和使用的塑料制品目录(征求意见稿)》向全社会广泛征求意见,继续深化并提出塑料污染治理的具体措施[47]。自2018年12月31日起我国禁止进口包括工业来源废弃塑料在内的16个品种固体废弃物,彻底禁止进口废弃塑料,使各国堆积如山的废弃塑料无法得到有效解决,同时,各国竞相研究新的废弃塑料回收处理技术及出台相关管理政策,如美国纽约2020年3月起开始实施禁止塑料袋,零售店企业必须向用户者提供纸袋等可重复利用包装袋,同时收取一定费用,同样希腊也推出限塑令[27]。目前对塑料生命全周期总体管理及环境影响评价已经引起各国广泛关注,主要是对原油开采、合成、加工、应用以及废弃物的管理进行全程跟踪评价其对环境的综合影响,详见下图1-5所示。

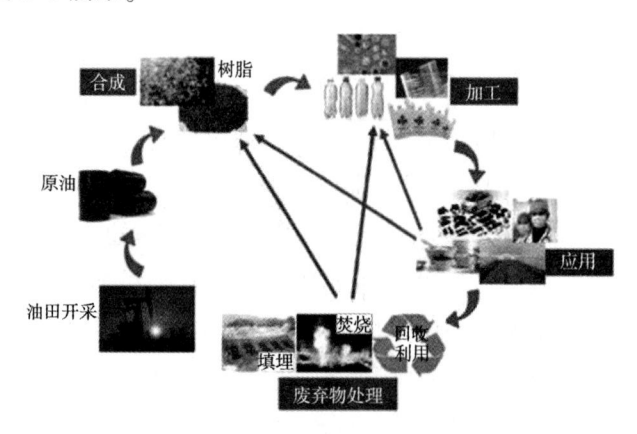

图1-5 塑料生命周期示意图[52]

填埋、焚烧、丢弃及限塑令等方式与措施处治废弃塑料均存在各种各样的弊端，目前最为合理、有效的废弃塑料处理方式为回收再利用。根据范育顺所做的有关对比分析计算[37]：一吨新塑料生产碳排放量约 5.5~6.0 吨，而一吨废弃塑料循环再利用碳排放量仅为 2.8~3.0 吨，约占 1/2，后者符合目前及未来全球对于碳排放管理要求。与填埋、焚烧、堆肥等处理方式相比，循环再利用是目前最佳的处理方式[53]。尤其目前对于从固体废弃物中分理出的薄膜类 RPE 处理工艺较为成熟，一般采取再生造粒方法，对其实现再利用[54]，其工艺流程图如图 1-6 所示。综上分析，废弃塑料再生循环利用市场前景广阔，已经引起各国科研技术人员的高度重视，相关废弃塑料研发及加工应用企业也积极参与其中。

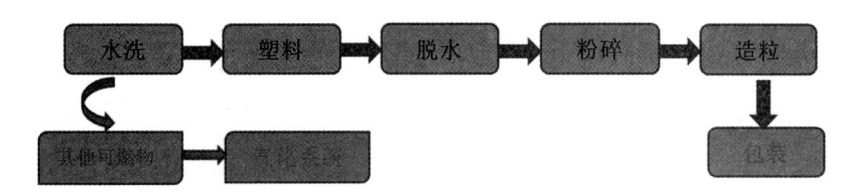

图 1-6 废弃塑料回收工艺流程

1.4 废弃塑料分类

我国废弃塑料来源渠道广泛，产品质量良莠不齐，严重影响下游企业使用效率，也很难生产出合格的再生产品。为此，必须在再生利用之前需要对所收集的废弃塑料进行分类处理，形成单一种类的废弃塑料，便于提升下游使用效率与产品品质[55]。同时不同种类的废弃塑料之间相容性太差，不进行分类处理直接影响后续加工以及产品质量和性能。因此，废弃塑料的纯度是影响其循环再利用的关键制约点[56]。目前所采取的分类技术可归类为干法分选和湿法分选两大类，其中干法分选技术种类较多，使用较为广泛，主要有近红外分选、颜色分选、静电分选、气流分选等，湿法分选技术所采取的原理主要是利用废弃塑料在液体中的密度差异达到分选的目的，目前使用最多的有浮选法[55]。

根据工农业生产及人类生活需求，同时考虑塑料制品的性价比及使用寿命等因素，不同种类原始塑料中 VPE、VPP 占比较大，分别为 29.7%、19.3%，产量与需求量几乎占到原始塑料总量的一半，详细各主要原始塑料占比如下图 1-7 所示。具体对于某些应用领域则存在一定的差异性，如在所有非纤维塑料中，占比依次为 VPE(36%)，VPP(21%) 和 PVC(12%)，其次是 PET、PUR 和 PS(各占 10%)，其中大约 42% 的非纤维塑料被用于包装材料，也主要由 VPE、VPP 和 PET 组成[32]。

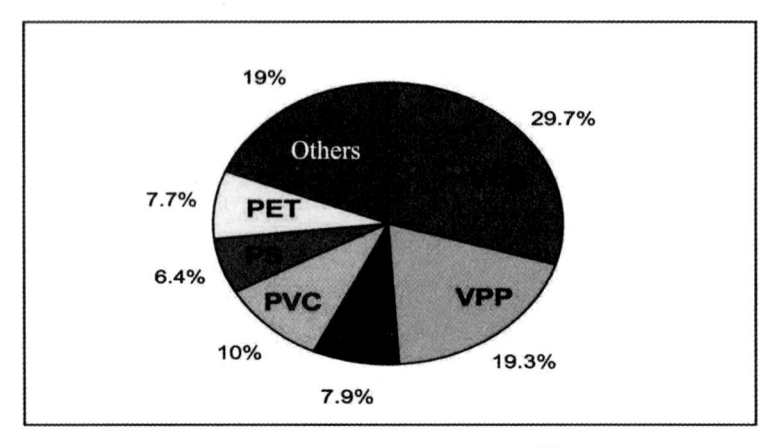

图 1-7　各种塑料类型需求比例[57]

由于各类塑料制品的用途不同，使用寿命存在着明显差异，因而导致实际废弃塑料中各类组分占比与原始塑料制品有所不同。相关研究表明[58]，废弃塑料以包装为主，其组分（其他组分是指 PVC、PET 等）占比情况如图 1-8 所示。也有统计表明[59]，RPP 占废弃塑料总量的 23%，总之，占比最大的仍然为 RPE、RPP。通过图 1-7、图 1-8 对比发现，废弃塑料 RPE 占比明显变大，可能的原因在于对于包装类塑料而言 VPE 使用比例相对较大，同时，VPE 材料制品的使用周期一般相对较短，约 1~2 年[31]。

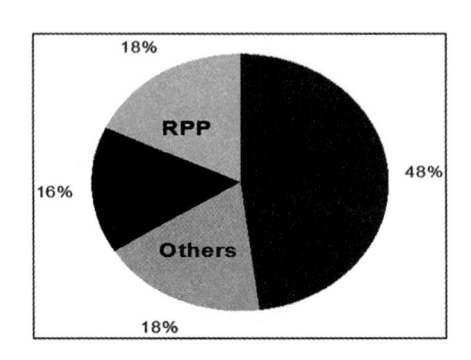

图 1-8　废弃塑料包装物成分占比

综上分析，人们对塑料类制品的需求不断增加，势必会产生大量的废弃塑料，其中废弃塑料中 RPP、RPE 产量最多。对于其处理处置刻不容缓，目前所采取的废弃塑料处理方式中，再生回收利用为最佳工艺路线，不但可以减轻环保压力，节约资源，而且可以实现产业链增值，具有重要的经济和社会意义。

1.5 共混改性机理及 RPE/RPP 共混改性研究现状

统计分析表明[27]，研制生产一种新型工业化应用的聚合物需花费 2 亿美元，而研制生产一种聚合物共混材料仅需几百万美元，为此，各种不同类型的聚合物共混合金材料得到了广泛的应用，已发展成为获得高分子聚合物的一种重要途径，同样该技术也可应用于废弃聚合物的共混改性。对于废弃塑料因其组分的复杂性，为了提高后续废弃塑料利用率，一般需进行前期分拣，废弃塑料分拣技术已经有很多种，但始终费时费力，加大了生产成本，甚至对于某些废弃塑料从物理性能上难以分离（如 RPE 和 RPP 组成的混合聚烯烃）[60]。对于混杂废弃塑料，L. A. Utracki[61]将其来源归纳为三类：其一本身就是以复合膜或复合材料的形式出现，如 RPE/PA 复合膜等，各组分很难加以分离；其二是各种废弃材料在回收行业分拣剩余部分；其三是生活垃圾中的废弃塑料。事实上，既然对于上述混杂废弃塑料分离增加分拣成本，同时也不利用高效、高纯度进行分离，那么对其混杂料（尤其是聚烯烃类的 RPE、RPP）直接共混改性利用不仅降低了回收塑料成本高昂的分类处理问题，同时也为混杂料高值化、高效化利用找到了新的应用途径[62]。

具体对于目前 VPE、VPP 仍是使用量最大的两种塑料，同时也是废弃塑料中占比较大的成分，在中国城市固体废弃物中 RPE、RPP 占总废弃塑料总量的 66.6%[63]。由于 RPE、RPP 固有的特性，单一使用不利于材料及制品的综合性能提升，同时二者固有的相容性差的特点，因而直接进行共混使用，不利于材料力学性能的提升，进而影响产品的使用性能与寿命，而且由于二者的密度相近，分子结构类似，导致分拣、回收成本较高[64-66]。因此，RPE、RPP 的共混增容改性显得尤为重要。

近年来，对于二者共混增容改性方面的报道相对较多。陶炫旭等人[64]总结分析目前 RPE/RPP 增容方式，包括：引入相容剂、反应性增容、强剪切场或拉伸流畅作用、纳米粒子增容等。每种方式均改善了 RPE、RPP 之间的相容性，对于复合材料力学性能的提升，无论从经济性方面还是性能优化方面均具有积极意义，值得研究、推广及应用。

1.5.1 理论依据

（1）Flory-Huggins 模型

该模型理论应用已久，起初应用于高分子溶液热力学方面，而共混聚合物是高分子溶液体系的特殊形式。因此，在充分考虑高分子与小分子尺寸差异性的基础上，可以将该理论应用于高分子共混物体系[67]。对于 RPE/RPP（各组分聚合物相对分子质量均一）双组分高分子共混体系，单位体积的 ΔG_m 可采用如下公式计算[68]：

$$\frac{\Delta G_m}{Tk_B} = (\varphi_a \div r_a)\ln\varphi_a + (\varphi_b \div r_b)\ln\varphi_b + \varphi_a\varphi_b X_{ab} \tag{1-1}$$

式中：r——聚合度；

φ——体积分数；

T——混合温度；

k_B——Boltzmann 常数；

X_{ab}——Flory-Huggins 聚合物相互作用参数。

其中等式右端前两项之和为混合熵 S_m，其值为正值，最后一项为混合热焓，因此 ΔG_m 值符号由 X_{ab} 决定。

(2) 相容热力学理论

共混物体系相容热力学理论依据是在恒温条件下的吉布斯自由能变化，即：

$$\Delta G_m = \Delta H_m - T\Delta S_m \tag{1-2}$$

式中：ΔH_m——混合热焓变化；

T——热力学温度；

ΔS_m——混合熵变化。

$\Delta G_m < 0$ 是满足共混体系热力学相容性的必要条件，此时就有 $\Delta H_m < T\Delta S_m$，对两种共混物体系，ΔS_m 满足如下关系式：

$$\Delta S_m = -R(n_1\ln\varphi_1 - n_2\ln\varphi_2) \tag{1-3}$$

式中：R——气体常数；

n_1、n_2——共混物中两种聚合物的物质的量；

φ_1、φ_2——共混物中两种聚合物的体积分数。

上述(1-3)式中，$0<\varphi_1<1$、$0<\varphi_2<1$，故 $\Delta S_m>0$，表明两种聚合物在混合过程中，ΔS_m 在增加，对于小分子类物质 ΔS_m 增加较为明显，对于高分子聚合物来说，因其运动的复杂性及速率相对较慢，所以 ΔS_m 增加值很小，即 $\Delta S_m \approx 0$，在此情况下，ΔG_m 的值就取决于 ΔH_m[69]。

根据溶解度参数与高分子共混聚合物之间混合热焓变化关系，有如下表达式[70]：

$$\Delta H_m = V_m(\sigma_1 - \sigma_2)^2 \varphi_1\varphi_2 \tag{1-4}$$

式中：φ_1、φ_2——共混物中两种聚合物的体积分数；

σ_1、σ_2——共混物中两种聚合物的溶解度参数;

V_m——共混物的摩尔体积。

根据相容热力学理论(1-2)式中关于"吉布斯自由能变化关系式"可知，$\Delta G_m<0$ 的条件只能是 ΔH_m 足够小，此时，σ_1、σ_2 只能二者数值必须接近相等，根据相关文献聚乙烯 $\sigma = 16.1 \sim 16.5 (J/cm^3)^{1/2}$、聚丙烯 $\sigma = 16.3 \sim 17.3 (J/cm^3)^{1/2}$，从 σ 看二者相近或重叠，相容性应该很好，但实际上很难相容，必须采取技术手段提高二者共混体系的相容性，以获得性能稳定的共混物。

1.5.2 相容剂开发

聚合物的不相容性可以通过多种方式进行解决，其中首选方法是加入相容剂，相容剂应与共混物中不相容的聚合物具有特定的热力学相互作用特性，促使不相容的两种聚合物结合在一起，进而获得性能稳定的混合物，类似于为使不相容的油/水混合物获得均匀混合物而开发出的乳化剂一样[71]。

相容剂，也叫增容剂，是通过其分子间作用力将不相容聚合物结合在一起，其作用机理是利用相容剂分子与不相容聚合物分子之间进行物理或化学作用，提高不相容聚合物之间界面黏结能力，达到增容的目的，以此来改善不相容聚合物复合材料的性能[72]。相容剂的种类主要包括非反应型相容剂和反应型相容剂，也有将其划分为三类，即：与聚合物合金成分相同的相容剂，如 A-B 型；与聚合物合金成分相容的其他成分组成的相容剂，如 C-D 型，或部分相同于合金成分的相容剂，如 A-B-C 型；在聚合物共混时所添加的，能与合金组分发生化学反应，部分形成接枝或嵌段共聚物，从而起到增容的目的一类相容剂，即反应型相容剂[73]。

(1)非反应型相容剂

非反应型相容剂可用于不相容的聚合物中，该类型相容剂的添加在不同聚合物界面处产生很强的相互作用，通常该类型相容剂分子链两侧分别可与不相容聚合物相互作用(如通过分子间相互作用力等发生物理缠结)，从而起到增进不相容聚合物之间的相容性，非反应型相容剂种类很多，其示意图如图1-9所示(依次从左至右：二元嵌段共聚物、三元嵌段共聚物、接枝共聚物)。

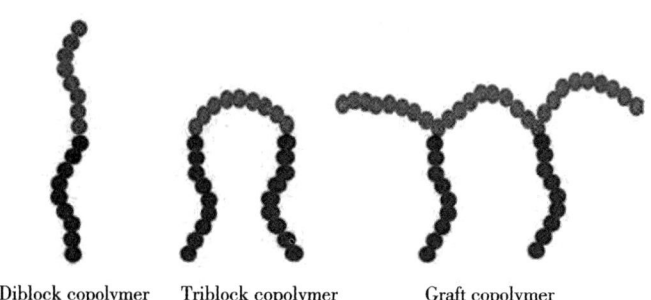

Diblock copolymer   Triblock copolymer   Graft copolymer

图 1-9 非反应性相容剂结构示意图[74]

（2）反应型相容剂

反应型相容剂是通过其所含有的活性基团可与不相容聚合物之间活性基团发生化学反应，从而达到增进不相容聚合物之间相容的目的，该类型相容剂在相容性较差且各自带有活性基团的聚合物之间的增容效果更为显著[75]。如聚合物共混体系中 PP、PE、EPDM/PA6、PA66 之间的共混体系，常用的反应型相容剂有 PP-g-MA、PP-g-AA 以及 EPDM-g-MA 等[76,77]。

1.5.3 RPE/RPP 共混改性研究现状

VPE、VPP 是目前全球产量、用量较大的塑料，也是废弃塑料占比较大的塑料品种。统计表明[63,78]，RPE、RPP 占废弃塑料总量的 66.6%，但在我国对其回收率仅为 30%。大量的 RPE、RPP 不仅浪费资源，而且对环境和人类健康产生危害。因此，对其高效回收再利用研究与应用刻不容缓。但是由于 RPE、RPP 相容性较差，简单的共混技术所制得的材料性能不佳，同时两种原材料结构相似，密度差异较小，造成分拣困难，回收再利用成本增加。如果将回收的废弃塑料直接进行共混改性，一方面可以充分利用不同废弃塑料的性能优势，实现性能互补。如 RPP 与 RPE 相比，因其具有的聚集态和分子结构固有属性，使其具有较强的力学性能，但其抗冲击强度较低，耐应力开裂性能差，而 RPE 的加入则可以改善其性能缺陷，如在 RPP 中加入 10%~25% 质量分数的 RPE，共混物 RPE/RPP 合金在 -20℃ 的抗冲击强度是 RPP 的 8 倍，从微观结构上分析可能是由于 RPE 的加入碎化了 RPP 中球晶尺寸，降低了其结晶度[79]。另一方面 RPE/RPP 共混改性可减少前期废弃塑料分选工序、降低合金材料成本、减少分选设备投资等，比较适合我国现有国情及工业化应用需求。因此，对于研究 RPE/RPP 共混体系性能及其应用具有重要意义[64]。而且 RPE、RPP 二元共混体系因其成本低、易生产、性能佳，多年前就已经引起相关研究人员及生产厂家的广泛关注[80]。

贵州大学化学与化工学院的李宜芳、黄勋[81]对 RPE、RPP、RPS(废弃聚苯乙烯)、RPVC(废弃聚氯乙烯)四种材料进行共混对比研究,结果表明:RPVC 因熔融温度较高(因含有活性填料 $CaCO_3$,其熔点高达 800~1000℃)无法与其他三种共混。因此,采取不同配比对其他三种废弃塑料共混体系弯曲模量、弯曲强度、冲击强度性能进行研究,总体对比分析,RPE:RPP=50:50(份数比)配方所形成的共混物的相容性最好。

王鑫等人[82]应用双转子混合器制样,通过 RPE 含量变化对 RPP/RPE 共混合物性能影响进行分析,发现在 RPE 含量小于 20%,随着 RPE 含量增加共混物材料的拉伸强度、冲击强度迅速提高,随后基本保持不变,并通过 SEM 观察到冲击断面出现小丝状物进一步验证了 RPE 起到了增韧剂的作用,产生原因在于 RPE 力学性能优于 RPP 且二者之间存在较强的相互作用。

对于共混体系性能影响除原材料配比及性能之外,工艺条件也是重要因素之一,如:强剪切场和拉伸流场的作用,RPE/RPP 应用固相碾磨处理技术,原材料尺寸明显减小,RPE/RPP 接枝共聚物的出现等,体系分散效果进一步增强,冲击韧性得到明显改善[83]。同样在拉伸流场作用下,迫使 RPE/RPP 共混体系强制增容,改善力学性能,且在同样拉伸流场情况下,RPP 含量较低时增容效果改善越明显[84]。

东北林业大学的高华等人[85]通过使用两种不同配比的原始料 VPE/VPP(新料聚乙烯/新料聚丙烯共混物,80:20、20:80)来模拟 RPE/RPP 混合料,通过 DCP(过氧化二异丙苯)作为引发剂,将马来酸酐接枝到两种不同配比的 VPE/VPP 体系中,用该接枝物与木质材料混合,分析讨论不同 VPE/VPP 比例与不同马来酸酐含量对木塑复合材料力学性能、流变性能等方面的影响,得出:(1)马来酸酐接枝 VPE/VPP 作为偶联剂提高了木塑复合材料的拉升和弯曲性能;(2)通过浸水试验可知马来酸酐接枝 VPE/VPP 制得木塑复合材料的吸水率降低,而膨胀率提升;(3)通过对改性复合材料流变性、微观观察分析,可知马来酸酐接枝 VPE/VPP 制得木塑复合材料两相之间粘接性能提升,木质材料在马来酸酐接枝 VPE/VPP 分散更为均匀。

刘静与黄颖为[86]用 VPP、VPE 改性 RPP,通过不同含量配比,采取双螺杆挤出机造粒成型,通过不同配比制备混合物并分析测试表征表明,VPP 对 RPP 具有增强作用,改善力学性能,且随着添加比例的增加,性能越好;VPE 对 RPP 具有增韧作用,随着含量增加材料冲击强度大幅度提高,但是含量过大会导致冲击性能反而下降,可能的原因在于,VPE/RPP 共混物材料的相容性下降。当 RPP:VPP:VPE 的质量比例为 100:20:10 时,RPP/VPP/VPE 共混物的拉伸强度为 18MPa,冲击强度为 24kJ/m^2,可满足塑料果品周转箱应用技术指标要求,此时三元共混物的综合力学性能具有最佳。

ISAM J 等人[87]通过分析 RPE、RPP、废弃 PS 及三者共混物的热分解活化能分别为:

340kJ/mol、220kJ/mol、320kJ/mol 和 85kJ/mol，热分解效率分别为 59.03%、62.73%、73.13%及98%以上，混合物因活化能较低，致使混合物的热分解效率最大，据此，采取了直接对上述三者共混物进行热分解，不但节约了混合物的分离成本，同时产生热能以及大量的可利用合成气体，目前存在的问题在于废弃塑料混合物裂解仍处于研究之中，还需要进行大量的研究工作方可在实际中推广应用。

李诚等人[88]认为：PE-g-MAH 和 PP-g-MAH 作为玻璃纤维增强废弃聚丙烯（RPP/GF）复合材料的相容剂能改善复合材料的力学性能。PP-g-MAH 能改善复合材料的界面粘接强度，且随着 PP-g-MAH 含量的增加复合材料的弯曲强度逐渐增强，当添加量为7phr 弯曲强度达到最大值，且是含量为1phr 的188%倍。另因 RPP 中含有少量的 RPE，因此一定量的 PE-g-MAH 也能改善复合材料的界面粘接强度，对复合材料的弯曲强度也有一定作用，但是如果超过临界点含量反而降低了材料的力学性能。

中北大学李萍等人[89]采用甲基丙烯酸缩水甘油酯（GMA）接枝乙烯-辛烯嵌段共聚物（OBC）获得 OBC-g-GMA 高分子聚合物作为相容剂，研究了两种相容剂对 RPE/RPP 性能影响，相比而言，OBC-g-GMA 增强了 RPE/RPP 相容性，其力学性能改善较为明显，作者采取的是 RPE、RPP 质量比为1∶1（50∶50），未考虑总体 RPE、RPP 产量现状及二者比例对最终改性产物影响。

2018年有报道采用含 PA、RPP、RPE 的混合废弃塑料，通过添加一定比例的玻璃短纤维、PP-g-MAH 进行混合造粒，后者的加入改善了造粒时混合体系的流变性能，而玻璃纤维提高了材料的拉伸强度与拉伸模量[90]。

基于上述分析，尽管对于 RPE、RPP 单一与其他材料的共混及 RPE/RPP 共混改性研究文献报道较多，但系统研究 RPE/RPP 共混改性及其工业化应用相对较少，尤其是共混改性剂在沥青及其混合料中改性机制及应用研究更少。因此，仅从环保与性能角度看，对二者共混改性不仅能加快废弃塑料再循环利用，改善环境状况，解决 RPE 相对于 RPP"过剩"问题，改善单一 RPE 或 RPP 性能缺陷，更有利于共混技术实现工业化应用，对于规模化处理占废弃塑料比例最大的两种废弃物具有重要现实意义。

1.6　RPE/RPP 改性沥青及其混合料研究现状

沥青已广泛应用在公路建设之中，但沥青固有的感温性使得其在高温环境易产生车辙以及低温易出现开裂，这两大缺陷是沥青路面应用的巨大障碍[91]。因此，各种聚合物改性沥青纷纷出现来降低沥青的感温性，改善沥青的高低温性能[92]。与新料聚合物改性沥青相比,废弃聚合物改性沥青几乎与其性能相当[93]。从技术角度分析,废弃塑料的老化在一定程度上可以改善与基质沥青的相容性,老化是废弃塑料在其他行业应用的致命弱点,但在改性沥青方面却是优点[94]。废弃塑料在改性沥青混合料中的应用一方面可以减少沥青的用量,同时可降低整体路面建设成本[95,96]。因此,将废弃塑料在改性沥青中的应用大大降低了"白色污染",实现其资源化回收利用具有重要意义。事实上,我国每年沥青混合料用量达$4×10^8$吨[97],如果废弃塑料及用其作为原材料所制的改性剂能够在其中使用,即使含量较小或仅在中面层使用,将为废弃塑料大规模批量回收利用提供发展方向。目前,国内外相关人员对废弃塑料改性沥青已进行了大量的研究,但这些研究主要集中在单一废弃塑料改性沥青、改性沥青混合料以及路用性能方面,这与实际的废弃塑料回收产业不符,最终影响到废弃塑料在改性沥青工程方面应用。

根据废弃塑料改性沥青改性剂制备所需原材料来源不同,将其分为四类,具体如下:(1)将单一废弃塑料薄膜或包装袋除尘、清洗、干燥并剪成尽可能小的碎块制得改性剂进行改性沥青的制备[98-100]。(2)将单一废弃塑料(如RPE、RPP等)与其他聚合物复配,实现优势互补,制备改性剂[101,102]。(3)将回收的废弃塑料分类后进行热降解处理后制得改性剂对沥青进行改性[103]。(4)将回收的共混废弃塑料除尘、清洗、干燥处理后作为一种混合料改性剂对沥青进行改性[97]。

依据废弃塑料改性沥青及其混合料制备工艺的不同,将其分为三类:(1)干法工艺,是在混合料拌和阶段,将废弃塑料颗粒按一定比例投入到热集料中,后加入基质沥青的一种废弃塑料改性沥青混合料工艺,该技术在我国发展较为迅速,已形成有关地方和交通运输部标准[104,105]。(2)湿法工艺,是在高温下先将废弃塑料颗粒对基质沥青进行改性制备改性沥青,后与热集料拌和制备改性沥青混合料的一种工艺,由于该工艺废弃塑料分散效果较好,改性效果优于干法工艺,但存在热存储稳定性差,导致废弃塑料离析,不利于工业化推广应用[96,106]。(3)干湿复合工艺,是将湿法改性沥青与热集料中加入废弃塑料颗粒制备改性沥青混合料,避免干、湿法工艺的不足,实现两种工艺优势互补,但施工成本过高,限制其推广应用[97]。具体三类工艺过程如图1-10,相对于湿拌和与干湿拌和工艺而言,干拌和工艺有利于废弃塑料改性沥青混合料低温抗裂性能改善,具体以PE改性沥青混合料低温抗裂性能对比信息详见图1-11。

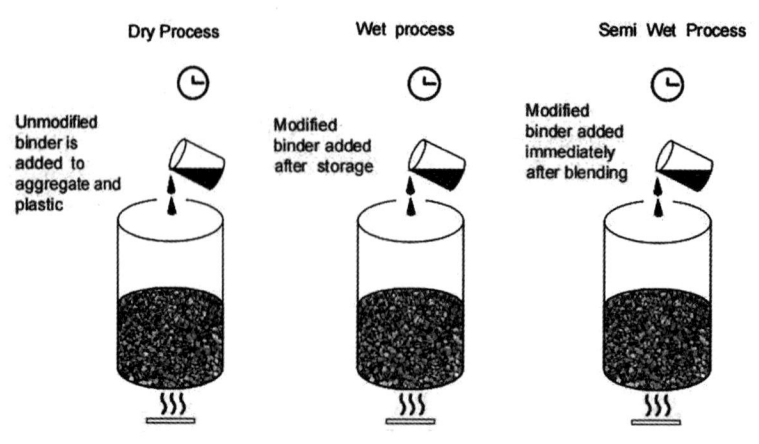

图 1-10 废弃塑料改性沥青混合料制备工艺示意图

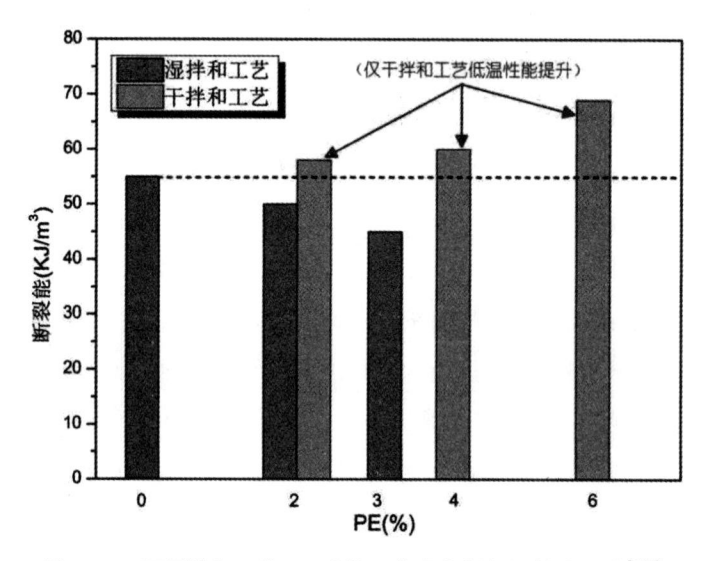

图 1-11 不同拌和工艺 PE 改性沥青混合料低温性能评价[107]

周江[108]总结分析了各国专家目前对废弃塑料改性沥青及其混合料方面的研究动态，主要在于三个方面：(1)废弃塑料改性沥青性能；(2)废弃塑料改性沥青混合料性能；(3)改性机理及存储稳定性。对于废弃塑料改性沥青机理目前主要的理论依据为网络学说，其改性为物理作用，主要包括废弃塑料吸收沥青中的轻质组分而溶胀，引起体积增加，溶胀的废弃塑料颗粒之间容易发生碰撞、聚集易形成具有一定稳定型的网络结构。与此同时，吸附使得沥青中轻组分的"相对减少"，胶质、沥青质"相对含量增加"，增强了改性沥青与集料之间的作用，而且沥青中轻组分相对减少引起改性沥青黏度增大，有利于改善改性沥青高温性能，其机理如下图 1-12 所示。

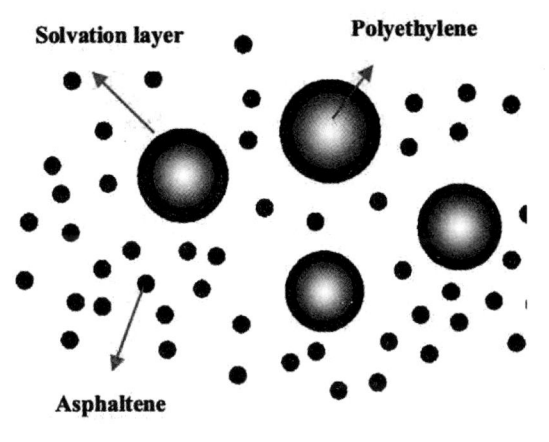

图 1-12 聚乙烯物理吸附机理示意图[109]

尽管对于废弃塑料改性沥青及其混合料方面的相关研究报道很多，尤其对于 RPE、RPP 两类较大量的废弃塑料更为明显，但大都集中在单一的废弃塑料改性沥青及其沥青混合料，而且研究的重点一般多在性能方面，对于微细观改性沥青结构方面的分析报道相对较少。如果通过增容改性的方式利用 RPE/RPP 共混料制备沥青及其混合料改性剂，不仅可以解决单一成分所制备改性剂性能缺陷，而且对于改善沥青及其混合料性能，为 RPE、RPP 工业化应用，减轻废弃塑料环境污染具有重要意义。

1.6.1 RPE 改性沥青及其混合料研究现状

通用 RPE 主要来源于农用地膜、食品包装材料、日用品容器、药品包装材料、塑料袋、电线电缆等废弃物，材料来源广泛，且其熔融或加工温度为 130~145℃[110]。而沥青的加工温度低于 200℃，PE 改性沥青早在发展之初就被进行了工程应用，如奥地利的 NO-VOPHALT 技术[111]，而我国早在 20 世纪 90 年代初就引进这项技术并在实体工程进行了应用[112]。

孙春阳等人[113]用 RPE、VPE、SBR、再生 SBS(4303 星型)、再生橡胶粉、纳米 TiO$_2$ 及纳米 ZNO 材料作为改性剂分别对 70#沥青进行改性研究，通过对改性沥青高、低温及温度敏感性等方面对比分析，结果表明，VPE 综合改性效果劣于 RPE，在所研究的七种改性剂中，除 VPE 外，其余四种有机类改性剂综合改性沥青性能较佳。Liliana M. B. Costa[18]认为：相比较而言，RPE 价格较低，且所制备的改性沥青综合性较优，但目前唯一不足之处可能在于 RPE 改性沥青低温抗开裂性能较差，制约其推广应用，与 RPE 相比，新料 SBS 与再生 EVA 改性沥青在抗疲劳开裂与低温弹性蠕变恢复方面较佳。

杨锡武等人[103]选用以塑料袋、包装塑料薄膜等造粒而成的废弃塑料颗粒（主要成分为 RPE），并在裂化剂存在条件下加热到 250~260℃ 得到沥青改性剂（CPE），并与未裂化 RPE 对改性沥青性能进行比较。分析结果表明，两种改性剂在相同添加比例情况下，CPE

改性沥青的软化点、延度和针入度性能指标优于未裂化 RPE 改性沥青，同时 CPE 改性沥青黏度和低温性能均满足我国Ⅲ类聚合物改性沥青技术指标要求，显著提高了改性沥青的高温储存稳定性，具有较好的应用情景。但针对上述裂化工艺制备改性剂存在改性沥青低温性能偏弱的情况。朱曲平与黄刚[114]应用复配改性技术，先对 RPE 裂化处理造粒，后按 6%~15%不同比例加入 2.5%、3.5%含量的两类 SBR 改性沥青中进行复配改性，研究结果表明，9%~12%的 RPE+3.5%的 SBR 综合性能最优，并进行试验段铺筑，获得较好应用效果。但上述两类对 RPE 高温裂化制备改性剂能耗较大，且易产生废气等二次污染，同时工业化应用设备投资可能相对较大，限制其规模化推广应用。

樊长青等人[115]通过分析 RPE 在不同改性条件下对改性沥青性能的影响，研究结果表明，在转速 3750rpm、温度 150℃，并搅拌 1.5h 所得改性沥青性能最佳，具体有：（1）上述改性工艺参数提高了改性沥青的存储稳定性；（2）通过对改性沥青 DSC、TGA 分析测试得出：上述改性工艺参数下所制得的改性沥青热稳定性优于基质沥青，说明改性工艺参数对改善改性沥青性能具有重要影响，尤其对于存储稳定性方面。尽管改善改性工艺条件可提升 RPE 改性沥青储存稳定性，但该研究未评价储存时间与稳定性关系，对于远距离 RPE 改性沥青运输尤为重要。

Cuadri 等人[116]提出的对 RPE 改性沥青乳化，在 170℃、5000rpm 高速剪切 1h 制得 4%的 RPE 改性沥青，储存时间不到 1 小时就开始离析，影响实际工程应用。为此，对上述改性沥青采取乳化沥青制备工艺制得固含量 63%的 RPE 乳化沥青，不仅改善了相分离同时节约了能源。但从目前工业化应用方面来看，这种技术相对较少，其工艺可行性值得思考。

王涛[117]采取在高速剪切力作用下直接将 RPE 以一种极细粒径的颗粒分散到热沥青之中，制得改性沥青并观察其高温情况下储存稳定性。结果分析表明，静置离析后，在一定温度与一定时间范围内搅拌可恢复其性能。Muhammad Rafiq Kakar 等人[118]对比分析了 RPE 颗粒（PE-P）与 RPE 碎片（RPE 造粒副产品，PE-S）对改性沥青性能影响，与现有商用聚合物改性沥青相比，在抗高温车辙性能方面 PE-P、PE-S 明显提高，低温模量相当，高温存储稳定性方面存在缺陷，需改善拌和工艺和拌和参数，且红外光谱分析未见二者与基质沥青之间化学反应发生。进一步推断，废弃 PE-P、废弃 PE-S 尽管可能含有老化所产生的羟基、羧基等活性基团，但在高温及简单混合工艺条件下不会发生化学反应而改善改性沥青储存稳定性。

杨锡武等人[119]对典型回收 RPE 改性沥青进行研究，得出储存稳定性仍是制约改性沥青应用的主要问题，并对基质沥青、RPE 类型、混合工艺、物理改性、化学改性等方面进行研究比较，由于 RPE 改性沥青存在储存稳定性短的问题，虽各国科技研发人员进行大量研究，但在实际工程应用中仍停留在现生产现用阶段，更没有储存稳定的成品 RPE 改性沥青在市场销售。

Li Jin 等人[120]利用 2%~6% 不同添加比例 RPE 制得改性沥青，并与 SBS、废橡胶粉改性沥青及基质沥青对比分析，通过黏度测定、等级评定、蠕变测试等来研究改性沥青流变性能。结果分析表明，RPE 不仅能改善沥青黏度还能提高改性沥青弹性，同时在低剪切应力范围内能改善改性沥青的抗疲劳性能，然而低温性能方面不佳。

梁明等人[121]利用蜡渣作为相容剂对 RPE、废弃轮胎粉共混改性沥青，将三种材料用螺杆挤出机造粒成型后对沥青进行改性，结果表明：不同 RPE、废弃轮胎粉比率对改性沥青混合料的高温性能产生积极影响，而降低 RPE、废弃轮胎粉比率导致改性沥青混合料高温性能降低而低温性能则提升，同时一定含量的蜡改善了 RPE、废弃轮胎粉共混改性沥青的储存稳定性，提高了改性沥青混合料的低温性能、抗疲劳性能。李攀等人[101]以 RPE 为主，复配石油树脂、EVA、2-羧基呋喃共混制备的沥青混合料改性剂，显著改善了抗车辙性能并对低温性能也有一定的积极作用，可以完全满足 JTGF40-2004《公路沥青施工技术规范》标准使用要求。Zhang Jizhe 等人[122]对 RPE、CR(废橡胶粉)各自与共混添加改性沥青进行研究，分析结果表明，二者共混提高了改性沥青的动稳定度和高温抗剪切能力，同时改善了沥青混合料粘聚力。单一 RPE 改性沥青降低了沥青混合料的疲劳寿命，而废橡胶粉提高了 RPE 改性沥青混合料的抗疲劳能力，该方式所制备的改性剂势必存在储存稳定性等诸多问题。

Sabzoi Nizamuddin 等人[123]通过对废弃线性低密度聚乙烯(R-LLDPE，recycled linear low-density polyethylene)改性沥青发现：加入高含量的 R-LLDPE 改性剂后，改性沥青与基质沥青相比，软化点和黏度分别提高，具体变化值为 44.1℃~122.3℃(软化点)0.62~5.75Pa·s(黏度)；而针入度值降低，具体为 59.3~14.3(0.1mm)。FTIR 分析表明：R-LLDPE 与基质沥青均匀混合在一起；TGA 分析表明：与基质沥青相比，改性沥青在温度升高时挥发较少，热稳定性较好；流变性分析表明：R-LLDPE 影响沥青的感温性，并且提升了沥青混合料的抗车辙性能。总之，如果 R-LLDPE 添加比例恰当，材料来源稳定，R-LLDPE 能提高沥青的整体性能，而没有重大缺陷。在一般环境条件下，3%R-LLDPE 添加量是较为合理，而 6% 添加量仅在酷热的环境下使用较为理想，较高的添加量不建议使用。Arminda Almeida 等人[124]通过对城市废弃 LDPE 改性沥青混合料老化前后、基质沥青混合料老化前后性能对比分析得出：(1)废弃 LDPE 最佳含量为沥青质量的 6%；(2)干拌和工艺条件下，废弃 LDPE 沥青混合料的冻融劈裂强度值大于湿拌沥青混合料值，但二者都优于基质沥青混合料；(3)废弃 LDPE 改性沥青混合料无论老化与否施工压实性能均低于基质沥青混合料，废弃 LDPE 改性沥青混合料的刚度、抗车辙能力均优于基质沥青混合料；(4)老化后的基质沥青混合料与老化后的LDPE改性沥青混合料的刚度、抗车辙性能均优于未老化的混合料。

李琳[125]通过对不同含量的RPE改性沥青的软化点、针入度、延度、黏度、针入度指数及动态力学性能测试，并与常见的SBS改性沥青、基质沥青性能进行对比，发现RPE改性沥青的高温性能最优，低温延度最小；针入度指数表明，RPE改性沥青的感温性明显降低；动态力学性能表明，RPE改性沥青的低温抗开裂性能、韧性比基质沥青提高，且RPE改性沥青随温度变化黏度变化较小。同样也有研究表明[126-128]，随着RPE含量的增加，RPE改性沥青的软化点提高，针入度降低，与基质沥青相比，RPE改性沥青混合料具有更好的强度和抗车辙性，特别是在高温条件下使用。

马德崇等人[129]用DCP(过氧化二异丙苯)做引发剂，通过双螺杆挤出造粒技术，将MAH(马来酸酐)接枝到RPE上，由于红外表征前已除去马来酸酐单体，所以出现三种新的特征峰$1715cm^{-1}$、$1790cm^{-1}$和$1868cm^{-1}$，说明有化学反应发生，其中$1715cm^{-1}$为马来酸酐中羧基产生的峰，$1790cm^{-1}$和$1868cm^{-1}$分别为羰基对应的不对称和对称伸缩峰。因此，可以证明马来酸酐已经接枝到RPE上(RPE-g-MAH)。与此同时，重点研究了不同DCP含量、不同MAH、不同拌和温度、不同湿拌和时间以及沥青混合料类型等不同参数对RPE-g-MAH改性沥青混合料性能的影响。实验结果表明，RPE-g-MAH

的确改善了改性沥青的高低温性能，尤其对于高温抗车辙性能改善最为明显。这为RPE在改性沥青混合料中应用提供理论依据。

也有关于RPE另一方面的研究报道[130]，将RPE制备成超细粉末对沥青表面进行改性处理，研究了不同参数条件下沥青表面疏水性能的变化，从而使得沥青的表面疏水能力大大提升，有利于提高沥青的抗水损、抗冰及防水能力。

对于单一RPE改性沥青及其混合料尽管目前研究较多，但大都在路用性能方面。对于RPE改性沥青路用性能所存在的问题，大都通过复配弹性体等材料协同作用改性居多。RPE裂解制备改性剂尽管改性沥青性能较直接添加法有显著改善，但存在生产环境污染问题。综合上述分析，目前RPE改性沥青及其混合料的优缺点汇总见表1-3。相比较而言，有关RPE改性沥青及其混合料的研究较多，主要集中在改性沥青及其混合料性能方面，对于改性机理方面的研究也有相关报道，但相对较少。对于改性方式而言，有通过直接共混改性方面的研究，也有先对RPE预处理，包括裂解等工艺方式先制备改性剂，也有通过化学手段进行接枝改性以期改善RPE改性沥青的储存稳定性以及低温性能等相关方面的研究。

表1-3 现有RPE改性沥青技术优缺点对比信息

技术类型	优点	缺点	对应文献
RPE直接应用型	综合性能优于VPE,高温性能显著且成本较低	储存稳定性与低温性能均差	孙春阳等人[113]、Liliana M. B. Costa, et al.[18]、杨锡武等人[119]、Li Jin, et al.[120]、Sabzoi Nizamuddin, et al.[123]、Arminda Almeida, et al.[124]、李骏宇[125]、Polacco G, et al.[126]、Ahmedzade P, et al.[127]、Gibreil H A A, et al.[128]
RPE裂解型	总体性能优于RPE	低温性能存在不足与裂解废气环境污染等问题	杨锡武等人[103]
RPE裂解+复合型	总体性能最优	环境污染问题	朱曲平与黄刚[114]
RPE直接应用+工艺条件优化型	综合性能优于"RPE直接应用型"	在储存稳定性与低温性能均差	樊长青等人[115]、王涛[117]、Dalhat M. A, et al.[130]
RPE改性沥青乳化型	储存稳定性提高且节约能源	工艺可靠性尚需验证	Cuadri, et al.[116]
RPE+复合型	总体性能优于"RPE直接应用型",弥补了单纯RPE改性沥青的不足	仅考虑路用性能,仍存在相分离与均匀性差等问题	梁明等人[121]、李攀等人[101]、Zhang J Z, et al.[122]
RPE+接枝改性型	高低温性能最优	DCP等生产过程易挥发影响工人身体健康,混合料水稳定性待研究	马德崇等人[129]

1.6.2　RPP 改性沥青及其混合料研究现状

通用塑料 PP 主要用途为电器外壳、汽车零部件、编织袋、渔网、绳索、无纺布、人造草坪、洗涤剂包装材料等,其熔融或加工温度在 160~190℃ 之间[131],也低于改性沥青加工温度,这为其在改性沥青中应用提供可能,但与 PE 相比,PP 与沥青改性混合时所需要的温度较高,相对而言能耗较大,对 PP 改性沥青的推广应用具有一定的制约性,另外一方面 PP 固有的韧性差,强度高所制备的改性沥青及其混合料也存在一定的性能缺陷[132]。

Yuanita E 等人[133]认为 PP 加入沥青中能改善沥青及混合料力学性能,然而 PP 与沥青二者有不同的化学特性,为了获得更好的改性沥青性能,需要加入木质素作为偶联剂,木质素是一种非晶态生物高聚物,由于具有独特的化学功能结构,如羰基、羧基、羟基及苯酚而表现出双极性特性,而沥青和聚丙烯是分别具有极性和非极性的物质。通过傅里叶红外光谱分析仪、电场发射扫描电子显微镜表征手段发现,PP、木质素及沥青混合更好,力学性能更优。也有将 PP 制作成纤维状并研究该类纤维的长度、含量对改性沥青混合料性能的影响,实验结果表明:当 PP 含量为 1.0%(以沥青质量计),长度为 12mm 时,对改性沥青的抗裂效果最佳[134]。

杨锡武等人[103]以塑料盆、桶、塑料凳子等生活废弃塑料制品造粒而成的废弃塑料颗粒(主要成分为 RPP),并在裂化剂存在条件下加热到 250~260℃ 得到沥青改性剂(CRPP),之后与未裂化 RPP 对改性沥青性能进行比较,测试结果表明与前 1.6.1 中 RPE 裂化前后改性沥青性能变化一致。杨佳昕[135]也通过裂解方式认为:利用 RPP 为原材料,已改性沸石作为催化剂,经过在高温 370~400℃ 裂解条件下制得新型温拌沥青改性剂,实验结果表明,该改性剂对改性沥青具有降低黏度的作用,同时也在一定程度上改善了沥青的高温稳定性能。由此可见,通过对 RPP 裂解方式也是获得沥青改性剂的一种途径,但是该方式与 1.6.1 中 RPE 裂解制备改性工艺一样,同样存在二次污染的问题,尤其在工业化应用中需引起特别重视,对于推广应用具有一定局限性。

Ahmed A. Ayash 等人[136]对 RPP 改性沥青性能进行研究发现:5.5% 含量的 RPP 改性沥青具有较好流值、稳定性和密度。然而在只考虑流值、密度的情况下 9% 含量的 RPP 改性沥青混合料的性能最佳。马立纲等人[137]应用一次性医用口罩(红外表征为 RPP)进行不同含量(0%、1%、2%、3%、4%)改性沥青性能研究,结果发现:RPP 的添加可改善沥青的刚度和弹性(从针入度、软化点表征),通过 DSR 表征发现,RPP 可提高复合剪切模量,降低相位角,可改善沥青的高温抗变形能力,同时降低了老化前后 RPP 改性沥青复合剪切模量比值,延缓沥青老化。

程培峰与佟天宇[138]以白、绿两种不同颜色的 RPP 为主原材料,分别复配 SBS 制备沥青混合料改性剂。对比分析表明，两种改性剂所制备的改性沥青混合料具有优异的高低温及水稳定性。该技术主要通过对废弃塑料复配SBS熔融再生，技术可行性高、工艺相对简单、过程易于控制，有利于实现工业化生产，是目前回收利用废弃塑料的重要途径[139]。

RPP的加入显著降低了基质沥青的针入度，提高了软化点，在同样添加比例下，RPE改性沥青的针入度降低比例低于RPP。此外，无论是RPP在高温下裂解还是与马来酸酐反应所制得改性剂，其结果都显示出与RPP单独改性沥青性能类似的变化趋势[140,141]。Serkan Tapkın等人[142]利用人工网络模型模拟了RPP改性沥青马歇尔稳定性和流值的变化，模拟值与实验值一致，对两项指标均有所改善。在低温性能方面，与基质沥青相比，5%的RPP改性沥青延度降低约20%，而与马来酸酐接枝后的RPP，相同添加量的改性沥青延度仅降低约5%[140,143]。与基质沥青相比，RPP改性沥青的复合剪切模量和车辙因子（$|G*|/\sin\delta$）均有较大幅度提高，特别是对于5%氯化聚丙烯（Cl的含量26%）和等规聚丙烯更为明显[144,145]。

综上分析可知，与RPE改性沥青及其混合料性能研究相比，RPP改性沥青及其混合料相关文献报道则较少，主要原因在于RPP熔融加工温度相对较高，尽管通常低于沥青的加工温度，但RPP相对较高的熔融温度，对沥青老化、能源消耗等方面存在一定的局限性，同时RPP强度高、韧性低等物理力学性能对于改性沥青效果也有一定负面影响，最终限制了单一RPP改性沥青混合料的推广应用。

1.6.3 RPE/RPP共混改性沥青及其混合料研究现状

屈会朋等人[146]应用聚烯烃类废弃塑料（同时包含RPE、RPP）的农用地膜、食品包装袋等经过除尘、破碎等预处理工艺后进行了改性沥青的研究，得出废弃塑料改性沥青工艺相对简单，适合工业化生产与实体工程应用，废弃塑料的添加降低了改性沥青感温性，沥青中废弃塑料添加量宜控制在5%~10%之间为佳，且改性沥青的成本相对较低，适宜推广应用，但这种简单对废弃塑料处理方式所制备的改性沥青及其改性沥青混合料性能稳定性较差。

周江[107]应用生活废弃塑料裂化后制得改性剂对混合料性能进行改性，分析了不同分子类型，同一分子链结构不同，前二者均相同仅分子量及分子量分布不同三种情况对沥青混合料性能的影响，虽然裂化废弃塑料改性沥青混合料存在诸多基质沥青混合料无法比拟的优点，但缺点在于两个方面：(1)废弃塑料裂化后制得的改性沥青仍存在离析问题；(2)裂化废弃塑料会产生大量的有害气体，如何治理及较少排放仍值得进一步研究，方可工业化生产及应用。重庆交通大学杨锡武等人[103]把生活废弃塑料（主要成分为RPE、RPP)在裂化剂存在条件下，将其加热至250~260℃使其分子链发生断裂、冷却制得生活裂化废弃塑料沥青用改性剂，由于进行了高温加热裂化处理，所得改性剂已不同于原来的生活废弃塑料，并通过红外分析等微观手段分析了改性沥青机理。研究结果表明，与未裂化生活废弃塑料相比，裂化后的生活废弃塑料改性沥青高温稳定性提高，在6%掺量条件下的中海油70#改性沥青软化点由48.7℃提高到70℃以上，储存稳定性提高且离析问题减弱，而低温弯曲性能、黏度、老化等性质与基质沥青基本接近，但仍存在前述周江老师所提出的两个方面的缺点。

辽宁省交通科学研究院的刘云全等人[147]在2013年公开发表利用废弃塑料制备沥青混合料改性剂专利，所使用配方为RPE：60~90份、RPP：10~30份、乙酸乙酯：5~10份、增塑剂与调节剂合计0.5~1.5份，其中增塑剂为：邻苯二甲酸二辛酯、邻苯二甲酸二异丁酯或二甘醇二苯甲酸酯；调节剂为：叔十二烷基硫醇、3-巯基丙酸异辛酯、乙基硫醇或正十二烷基硫醇。所制备的改性剂对沥青混合料的抗车辙性能、疲劳性能、抗水损性能、低温性能均有提高。同时，因废弃塑料使用，所制备的改性剂价格相对较低，具有经济、社会和环境意义。中国石油化工股份有限公司宋乐春等人[148]在2020年3月公开发表应用废弃塑料(高密度聚乙烯、RPP、乙酸-醋酸乙烯共聚物等)为原料通过接枝改性技术制备沥青混合料改性剂专利，所使用配方为RPE：100份、RPP：15~20份、增粘树脂：5~10份、APAO：5~15份、接枝剂：1~3份、引发剂：0.1~0.3份，所使用生产工艺为：将上述原材料混合均匀后用螺杆机挤出造粒即可。尽管已有相关专利对RPE/RPP共混体系进行改性制备抗车辙剂报道，但从国内实际应用情况看，仍采用直接对废旧塑料挤出造粒后干拌和工艺施工，其原因主要有两个方面，其一：利益诱惑使生产厂家只是对废弃塑料进行简单分类后造粒直接应用，期望降低成本，实现利润最大化。其二：缺乏对RPE/RPP共混体系改性、改性沥青及其混合料系统性理论研究作为工业化应用依据。上述两方面主要原因导致国内废弃塑料改性沥青及其混合料的应用一直处于低水平、低质量发展阶段。经对国内废弃塑料改性剂生产厂家调研，如江苏某规模企业废弃塑料改性剂(车辙剂)生产条件(设备采用单螺杆挤出造粒技术)和所使用原材料如图1-13所示。

图1-13 国内车辙剂生产条件(a)和原材料(b)

杨锡武等人[119]将现有RPE、RPP改性沥青及其混合料存在的问题归结为三个方面：

(1)改性沥青的高温储存稳定性差;(2)低温性能存在一定争议;(3)回收混杂废弃料难以区分 RPE、RPP。

傅珍等人[149]选用回收废弃塑料(主要成分为 RPE、RPP)和木质纤维素制成复合增强剂对 AC-13、AC-16、AC-20 三种沥青混合料进行改性,通过车辙试验、低温弯曲试验、冻融劈裂试验分析结果表明,当复合增强剂含量为沥青混合料质量的1.0%(质量分数),其三种沥青混合料的动稳定度和低温破坏应变分别提高3.5倍和1.4倍,同时水稳定性最佳,并通过对比实验发现:三种改性沥青混合料优于抗车辙剂改性沥青混合料,并与 SBS 改性沥青混合料性能接近。

综上分析可知,对于 RPE/RPP 共混改性沥青及其混合料目前研究思路与上述单一RPE、RPP 改性沥青思路基本一致,即:直接使用、裂解以及与其他复合改性。尽管有相关专利报道采取物理、化学手段对 RPE/RPP 改性制备改性剂,但受现实经济利益驱使目前实际应用的只是废弃塑料二次造粒后直接在施工现场采取干拌和工艺应用,路面质量与寿命值得深思。为此,需要大量研究有关废弃塑料复配或废弃塑料与其他材料进行物理、化学共混改性,期望获得性能较佳的改性剂在改性沥青工程领域应用,从而降低工程建设成本,实现废弃塑料资源化再利用。

1.7 本课题研究目的、研究内容

1.7.1 研究目的

塑料制品产量高、用量大、使用寿命较短,加之自然降解速率慢,导致有大量的废弃塑料产生,在这些废弃塑料中尤其以 RPE、RPP 二者占比最大。2020年1月国家发展改革委、生态环境保护部联合发布《关于进一步加强塑料污染治理的意见》,指明"规范化、产业化、集中"处理废弃塑料的发展方向,进一步为废弃塑料资源化利用提出了更为科学的要求[150]。于同年11月,住房建设部、发展改革委再次联合发布《进一步推进生活垃圾分类工作的若干意见》对废弃塑料类生活垃圾回收和综合利用提出要求[54]。

废弃塑料通常以各种各样的物理混合形态出现,有些物理性质十分接近,如 RPE、RPP 聚烯烃类塑料,很难通过简单的、单一的、低成本的方式分离出来,这势必为混合废弃塑料的处理带来极大的难题。目前常规的焚烧、填埋以及简单的造粒再利用技术可能造成二次污染,而且无法实现废弃塑料高值化、低成本综合利用。同时,对于目前 RPE/RPP 共混改性技术可能在于二者原材料本身的复杂性,以及不确定性,所以在对二者进行共混改性方面的研究报道相对较少。

对于单一废塑料及其混合改性剂研究方面，集中于改性沥青混合料性能方面相对较多，相关机理等微细观方面研究相对较少。陈信忠等人[151]认为沥青是由沥青质、胶质等重组分含有杂环衍生物、多芳环以及有环烷烃、芳环和杂环的重复结构单元组成的较为复杂成分的混合物，沥青混合物中的芳烃α位上的活泼氢以及烷烃上受热、氧化等而易断裂的C-S键等，可以产生活性点，这是沥青发生化学反应的关键点，另外基质沥青上的酸性或碱性基团也可以与聚合物上的相应基团发生化学反应。聚合物与沥青反应主要有烯键交联、酯化反应、功能团交联反应等方式。其中烯键交联是采用加入交联剂与聚合物发生交联反应，同时聚合物与沥青发生化学反应链接，分散的改性聚合物分子链表面形成相对稳定的层状结构，该结构与反应链接协同作用改善了聚合物与沥青之间的相容性，通常使用的交联剂有过氧化物、二芳基二硫化物、单质硫、酚醛树脂等。功能团交联的典型代表有PE、PP，即在粒子表面通过化学反应形成立体的位阻稳定层，同时加入封端基团物质，再加入单质硫对封端物质进行交联，实践证明该技术制备的改性沥青体系是相对稳定的。另一方面，VPE、VPP在老化后分子链上产生的活性基团也为与沥青之间化学反应提供了可能。

经前分析可知，因VPE、VPP固有的特性及制品使用寿命等现状，使得废弃塑料中占比最大仍是RPE、RPP，总量约占70%，而且二者性能方面的互补性，使得RPE、RPP共混改性所制得改性剂性能与单一材料相比更具有显著优势。虽然在改性沥青及其混合料中改性剂添加比例较小，但改性沥青混合料用量巨大，因此，对二者进行共混改性并应用在改性沥青混合料中不仅能大量解决RPE、RPP所带来的环境问题，同时对于改性沥青混合料路用性能改善及使用寿命提升也具有重要意义。目前单一应用RPE或RPP，尤其RPE改性沥青及其混合料方面研究较多，RPE可以显著改善改性沥青混合料的高温性能，但对于高温储存稳定性存在不足[152]，对于低温抗裂性能改善方面，则存在着争议[153-157]。针对RPE、RPP改性沥青低温性能存在的不足，近年来，国内外相关科研人员已进行了大量有关复合改性技术方面的研究，但已有研究主要集中在RPE或RPP复合废胶粉、SBS、纤维等方面[158-160]。因此，无论从RPE、RPP再利用环保角度，改性剂性能优化，还是从对于降低分拣成本，改善改性沥青路面性能，降低交通基础设施建设成本考虑，研究RPE、RPP共混改性并进行工业化应用具有深远的社会与经济效益。

鉴于此背景，本课题针对目前废弃塑料共混改性沥青及其混合料存在低温性能、高温储存稳定性不足以及原材料单一性问题，进而影响废弃塑料处理量，以及作为沥青及其混合料改性剂存在缺乏系统性的研究现状，采取双螺杆分区加料挤出造粒技术，制备改性剂，并进行了改性沥青实体工程应用，为废弃塑料，尤其是RPE/RPP共混的高值化应用提供了理论依据和技术支持。

本书得到了山西省交通控股集团有限公司科技项目《一种新型环保资源型沥青混合料

改性剂制备及其机理研究》(18-JKKY-11)、山西省交通控股集团有限公司科技项目《高模量抗辙裂剂在重交通中面层中的应用》(19-JKKJ-47)、山西省应用基础研究计划项目(201901D211552)、山西省交通运输厅科技项目《筑路用高模量硬质颗粒沥青的制备及应用》(2016-1-27)、山西省交通运输厅科技项目《冷再生环氧树脂沥青混合料用于沥青上面层技术研究》(2016-1-27)、山西省交通控股集团有限公司科技项目《水泥基快速修补料推广应用》(19-JKKJ-50)、山西工程科技职业大学校级基金项目《rPE功能化改性沥青相容性及其机理研究》(KJ202303)以及山西省内多条高速公路建设与养护项目等的大力资助。

1.7.2 研究内容

针对目前RPE/RPP改性沥青、改性沥青混合料实验研究相对较少，工程应用缺乏，而在实际废弃塑料中以RPE、RPP占比最大，因此，对于二者共混改性及在沥青路面中的应用研究尤为重要。为了改善RPE/RPP在沥青中的应用性能，采用了聚烯烃接枝马来酸酐基作为增容改性剂，开展了改性剂基体配方研究，在此基础上进行了改性沥青及其混合料性能研究，最终确定了工业化生产工艺技术路线，为了进一步验证实际应用效果进行了实体工程应用研究，具体本书研究内容如下：

(1) RPE、RPP **共混体系性能研究**

VPE、VPP制品在自然环境中使用，受到热、氧、紫外线等多种作用，导致制品逐渐失去使用功能成为废弃塑料，对其老化前后材料性能对比有助于后续共混改性及改性沥青机理做出合理分析，对改性沥青及其混合料的工业化生产及实体工程应用具有指导作用。本书主要对比分析VPE、RPE、VPP和RPP的熔融指数、力学性能以及老化所引起的化学结构(傅里叶红外光谱)变化，同时对RPE、RPP结晶性能的变化也进行相关表征分析。并通过对不同配比RPE/RPP进行熔融指数、力学性能、傅里叶红外光谱、微观形貌、DSC及TG对比表征分析，获得最佳性能基体配方，为后续改性剂制备提供理论及实验依据。

(2) PP-g-MAH **对TBM性能影响及机理研究**

在对RPE、RPP老化分析及前期不同比例RPE/RPP共混体系性能研究基础上，为了进一步改善共混物性能，选用PP-g-MAH作为相容剂对RPE/RPP增容改性，并加入到RPE/RPP(质量比6∶4)共混体系中。为了使各组分熔体之间可以充分发生物理、化学作用，进一步增强各组分界面之间相互作用，特采用分区加料的双螺杆挤出技术制备改性剂。并分析了不同含量PP-g-MAH(0%、1%、3%、5%、7%、9%)对RPE/RPP共混体系力学性能、熔融指数等影响，同时对其产生机理进行微观分析，并详细研究了增容改性机理，为后续改性剂工业化生产提供了工艺及配方依据。

（3）PP-g-MAH 对 TBM 改性沥青性能影响及机理研究

尽管单一 RPE、RPP 改性沥青相关研究较多，但 RPE/RPP/PP-g-MAH 三元共混改性剂（TBM）对改性沥青性能的研究相对较少。据此，重点研究了 PP-g-MAH 含量对 TBM 改性沥青性能的影响，研究内容包括：改性沥青常规指标、黏度、存储稳定、作用机理（化学、物理）、流变特性及低温性能等方面。

（4）PE-g-MAH 对 BBM 改性沥青性能影响及机理研究

考虑到 RPE 原料占比最大，且与 PE-g-MAH 含有 PE 相同分子链，二者可以进行物理缠结增强二者之间的相容性，同时沥青活性基团与 PE-g-MAH 中官能团 MAH 二者之间可能发生化学反应。据此，重点研究了不同含量 PE-g-MAH 对 BBM 改性沥青常规指标、黏度、高温储存稳定性、流变性能及低温性能的影响，并应用傅里叶红外光谱仪进行机理分析验证，为 RPE/PE-g-MAH 共混改性及在改性沥青中应用提供理论依据。

（5）TBM、BBM 改性沥青混合料路用服役行为对比研究

在前期 PP-g-MAH、PE-g-MAH 含量对 TBM、BBM 改性沥青性能影响研究基础上，考虑到原材料来源对 TBM、BBM 改性沥青混合料路用性能的影响，进一步采取干拌和工艺对比分析不同含量 PP-g-MAH、PE-g-MAH 对 TBM、BBM 改性沥青混合料强度（马歇尔稳定度）、高温性能（动稳定度）、低温性能（三点弯曲试验）、水稳定性能影响（浸水马歇尔试验和冻融劈裂试验），从而为选择性价比相对较高改性剂，以及改性剂工业化生产及实体工程应用提供理论及实验依据。

（6）TBM 对改性沥青及其混合料性能影响研究

在前期 TBM、BBM 改性沥青混合料性能对比研究的基础上，优选出最佳生产配方及工艺条件。购置了工业化生产设备（包括生产、废气处理环保设备），并建成两条生产线进行 TBM 批量生产，进一步验证改性剂材料性能。重点研究了不同 TBM 含量对改性沥青常规指标及改性沥青混合料高温性能、低温性能、抗水损性能及抗老化性能的影响，以及不同拌和参数（拌和时间、拌和温度）对 TBM 改性沥青混合料动稳定度的影响，为后续实体工程应用及市场推广提供理论及实验依据。

（7）TBM 改性沥青混合料的工程应用研究

本书选取山西省内某新建高速中面层 AC-20 路面进行实体工程应用分析，为便于 TBM 在拌合楼现场添加，减轻工人劳动强度，确保计量准确，自行研制全自动智能投料机并进行工程应用。为了评价工程应用效果对于竣工后路面进行钻芯取样分析，重点分析了孔隙率、压实度等主要路用性能技术指标，并对其路用情况进行总体分析评价。同时进一步分析了 TBM 经济效益与社会效益情况，为今后工程应用及市场推广提供基础数据及理论依据。

根据上述研究内容分析，结合现有试验条件和工程应用现状，拟制定本书的主要技术路线及研究内容见下页图1-14。

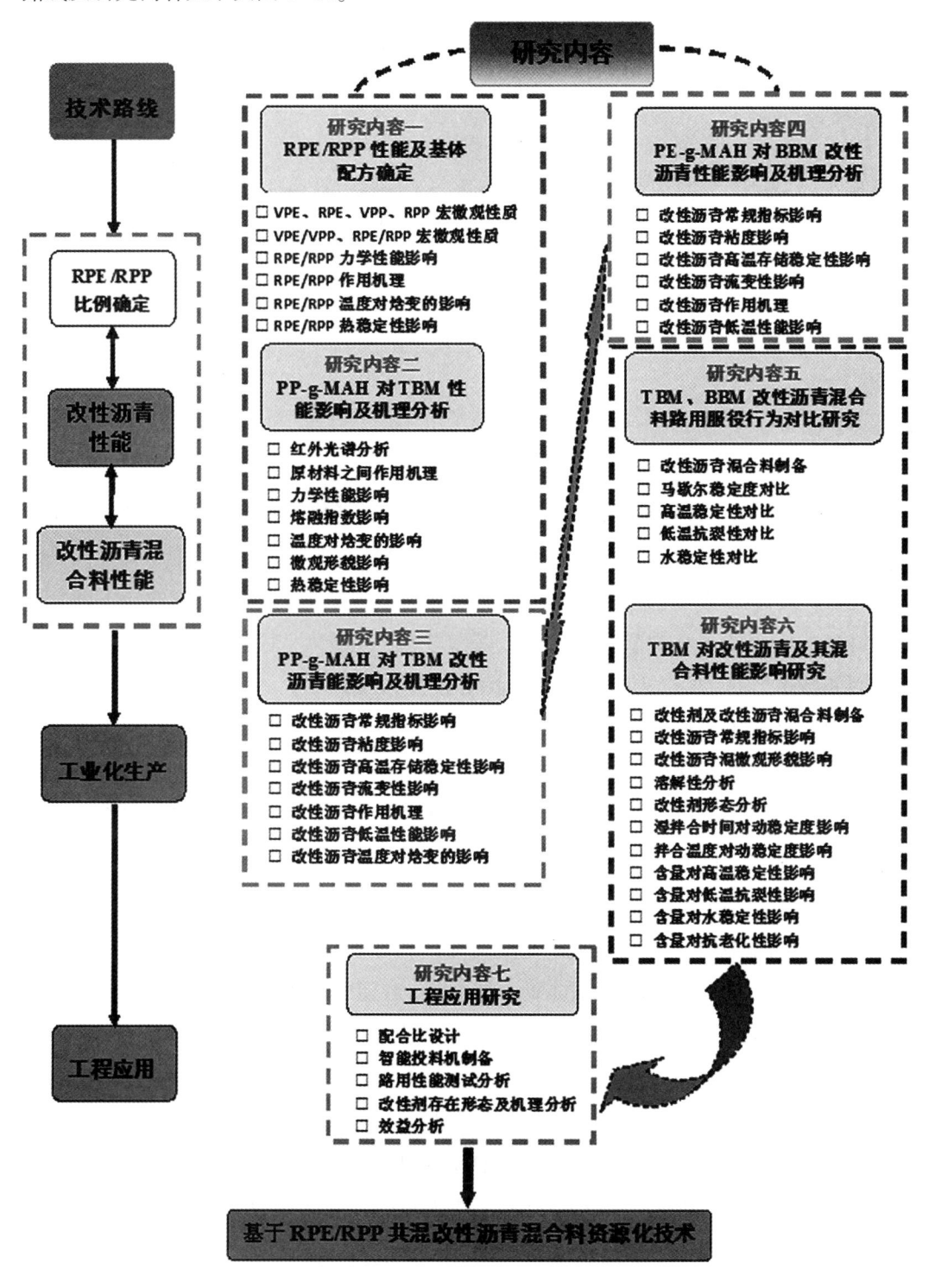

技术路线

- RPE/RPP 比例确定
- 改性沥青性能
- 改性沥青混合料性能
- 工业化生产
- 工程应用

研究内容

研究内容一 RPE/RPP 性能及基体配方确定
- VPE、RPE、VPP、RPP 宏微观性质
- VPE/VPP、RPE/RPP 宏微观性质
- RPE/RPP 力学性能影响
- RPE/RPP 作用机理
- RPE/RPP 温度对焓变的影响
- RPE/RPP 热稳定性影响

研究内容二 PP-g-MAH 对 TBM 性能影响及机理分析
- 红外光谱分析
- 原材料之间作用机理
- 力学性能影响
- 熔融指数影响
- 温度对焓变的影响
- 微观形貌影响
- 热稳定性影响

研究内容三 PP-g-MAH 对 TBM 改性沥青能影响及机理分析
- 改性沥青常规指标影响
- 改性沥青粘度影响
- 改性沥青高温存储稳定性影响
- 改性沥青流变性影响
- 改性沥青作用机理
- 改性沥青低温性能影响
- 改性沥青温度对焓变的影响

研究内容四 PE-g-MAH 对 BBM 改性沥青性能影响及机理分析
- 改性沥青常规指标影响
- 改性沥青粘度影响
- 改性沥青高温存储稳定性影响
- 改性沥青流变性影响
- 改性沥青作用机理
- 改性沥青低温性能影响

研究内容五 TBM、BBM 改性沥青混合料路用服役行为对比研究
- 改性沥青混合料制备
- 马歇尔稳定度对比
- 高温稳定性对比
- 低温抗裂性对比
- 水稳定性对比

研究内容六 TBM 对改性沥青及其混合料性能影响研究
- 改性剂及改性沥青混合料制备
- 改性沥青常规指标影响
- 改性沥青微观形貌影响
- 溶解性分析
- 改性剂形态分析
- 湿拌合时间对动稳定度影响
- 拌合温度对动稳定度影响
- 含量对高温稳定性影响
- 含量对低温抗裂性影响
- 含量对水稳定性影响
- 含量对抗老化性影响

研究内容七 工程应用研究
- 配合比设计
- 智能投料机制备
- 路用性能测试分析
- 改性剂存在形态及机理分析
- 效益分析

基于 RPE/RPP 共混改性沥青混合料资源化技术

第 2 章 RPE/RPP 性能影响及机理研究

2.1 引言

废弃塑料的再利用必须考虑老化对其性能的影响，而老化受到诸多因素作用。如压力容器用塑料 VPP 与 VPE 在短期内的高低温湿热、自然环境下老化，二者力学性能几乎未发生变化，仅质量出现变化，且 VPE 变化较为明显[161]。在自然光条件下的淡水环境对 VPP、VPE 进行 40 天老化观察发现：VPE 表面形态变化最大，已经产生孔洞、裂纹等，RPE 羰基指数增加最大，已达到 31.48%，RPP 仅为 11.08%[162]。对填埋场 RPE、RPP 进行研究发现：大于 10 年填埋的 RPP 羰基指数是 VPP 料的 2~3 倍，RPE、RPP 的 -CH_2、-CH_3 小于 VPE、VPP，RPE、RPP 结晶度是 VPE、VPP 的 1.5 倍[163]。老化所引起的表面积增大，部分性能指标降低，产生新的如羟基、羧基等含氧基团，以及分子链断裂，结晶度发生改变，导致对污染物吸附机理产生差异。RPE、RPP 主要通过范德华力、氢键、静电作用、疏水作用、络合作用等方式吸附重金属、有机污染物等，更易对环境和人类健康产生重大危害，已引起各国研究人员的高度重视[164]。

RPE、RPP 二元共混体系因其成本低、易生产、性能佳，多年前就已经引起相关研究人员及生产厂家的广泛关注[80]。RPE、RPP 原材料纯度、不同配比及共混改性工艺等条件均会对共混改性后的材料性能产生影响，进而影响产品或制品的使用性能[82,165]。同样在拉伸流场作用下，迫使 RPE/RPP 共混体系强制增容，改善其力学性能，且在同样拉伸流场情况下，RPP 含量较低时增容效果改善越明显[84]。

考虑到 VPE、VPP 制品在使用废弃后（主要体现在老化）所产生的 RPE、RPP 力学及流变性能变化，以及由于老化所引起的分子链及化学结构（新基团产生）变化对 RPE/RPP 材料性能所产生的影响。为此本章对 VPE、RPE 与 VPP、RPP 主要性能进行对比分析，为后续 RPE/RPP 共混改性剂制备，改性沥青及其混合料性能研究以及工业化应用所需原材料 RPE、RPP 提供理论依据。

另外，本章重点分析讨论不同比例 RPE/RPP 对共混物性能的影响，同时，为了进一步分析老化对共混物性能影响，对比分析了 VPE/VPP 的熔融指数、力学性能、微观形貌等，为后续改性剂制备提供基本配方依据。

2.2 实验部分

2.2.1 实验原材料

实验所用原材料信息见表 2-1。

表 2-1 主要原材料

材料	型号	生产厂家
VPE	220J	中国石化扬子石油化工有限公司
RPE	R-220J	东莞市中闽新材料科技有限公司
VPP	1016	辽阳石油化纤公司
RPP	R-1016	上海金发科技发展有限公司

2.2.2 主要仪器、设备

实验所用主要仪器设备(除自制设备)及其型号、生产厂家见表 2-2

表 2-2 主要仪器设备

仪器、设备名称	型号	生产厂家
电子天平	AUW220D	日本岛津公司
鼓风干燥箱	DHG-9070A	南京东迈科技仪器有限公司
高速混合机	SHR-25A	张家港市宏基机械有限公司
平行同向双螺杆挤出机	TSE-30	南京达力特挤出机械有限公司

塑料注射成型机	JH600	上海塑料机械有限公司
造粒机	XDQ	天津兴田橡塑机械有限公司
缺口制样机	ZYH-W	承德市科标检测仪器制造有限公司
悬臂梁缺口冲击试验机	KXJU-22A	承德市科标检测仪器制造有限公司
微机控制电子万能试验机	SANS CMT6104	深圳市新三思材料检测有限公司
熔体流动速率试验机	ZRZ1452	美斯特工业系统(中国)有限公司
傅里叶红外光谱仪	8400S	日本岛津公司
差示扫描量热仪	Q100	美国TA INSTRUMENTS
扫描电子显微镜	JSM-6510	日本日立公司
综合热分析仪	HCT-1	北京恒久科学仪器厂

2.2.3 共混物样品制备方法

首先将VPE/VPP、RPE/RPP原料按照不同比例分别经高速混合机混合均匀后，再经平行同向双螺杆挤出机熔融挤出并造粒，挤出机各段温度为175℃~180℃~180℃~185℃~190℃~190℃~185℃~185℃~180℃~180℃，将造粒后的样品用于熔融指数、傅里叶红外光谱、差示扫描量热及热重分析。然后将部分造粒后的物料进行注塑，注塑机各段温度为180℃~185℃~190℃~190℃，注塑得到的样条用于力学性能及微观形貌分析。

2.2.4 性能测试与结构表征

(1)熔融指数测试：将VPE、RPE、VPP、RPP、VPE/VPP及RPE/RPP样品按照GB/T3682-2000标准进行测试，测试温度为230℃，测试负荷为2.16kg。

(2)傅里叶红外光谱测试：将VPE、RPE、VPP、RPP及RPE/RPP样品置于鼓风干燥箱中，设定温度80℃，干燥时间为8h，与KBr混合后压成片，然后用傅里叶红外光谱仪测试。扫描范围为500~4000cm^{-1}，分辨率为4cm^{-1}，扫描32次，分析样品老化前后导致的分子结构的变化。

(3)差示扫描量热仪分析：将RPE、RPP及RPE/RPP样品置于鼓风干燥箱中，设定温度70℃，干燥时间为12h，取干燥后的样品6-10mg置于坩埚中，然后在差示扫描量热仪中进行测试，用金属铟(In)标定热焓和温度，N$_2$流量为50mL/min。待仪器调试稳定后，先消除样品热历史,将样品从室温加热到200℃,升温速率为20℃/min,恒温3min。然后从200℃降温至40℃,降温速率为20℃/min,恒温3min,记录降温结晶曲线。再从40℃加热至200℃,升温速率为20℃/min,记录升温熔融曲线。

(4)力学性能测试:该试验方法参照相关文献[77],将VPE、RPE、VPP、RPP及RPE/RPP注塑成型,加热套各段温度为180℃~185℃~190℃~190℃,样条的力学性能测试方法分别按照(ⅰ)GB/T1043-2008测试缺口冲击强度,在冲击样条上打一个45°的缺口,25℃下应力松弛24h,然后在室温下进行冲击测试,测试仪器为悬臂梁冲击试验机,摆锤型号为1-J;(ⅱ)按照GB/T1040.1-2006在室温下测试拉伸强度,夹具距离为115mm,拉伸速度为50mm/min;(ⅲ)按照GB/T9341-2008测试弯曲强度,试样长度120mm,支点距离64mm,弯曲速度为2mm/min。每种测试选用5~6个样品,求平均值。

(5)微观形貌测试:将VPE/VPP、RPE/RPP的冲击样条冲断后,喷金处理,在扫描电镜下对冲击断面进行观察,加速电压为30KV,放大倍数分别为2000×。

(6)热重分析:将RPE/RPP样品置于鼓风干燥箱中,温度设定70℃,干燥为12h,取样品5~10mg置于坩埚中,氮气速率为50mm/min,从室温以10℃/min的速率加热到800℃,记录TGA曲线,计算得到DTG曲线[77]。

2.3 结果与讨论

2.3.1 VPE、RPE、VPP、RPP熔融指数分析

聚合物的熔融指数受多种因素影响,且与其加工性能有密切关系,在一定程度上可以反映聚合物材料相对分子量大小及其分布变化规律[77,166]。从图2-1(a)可知,VPE熔融指数为2.191g/10min,RPE熔融指数为0.752g/10min,老化后熔融指数降低65.68%,原因在于VPE在使用过程中受到光氧老化、热氧老化等物理化学作用而导致熔融指数降低,这一结论与毕大芝等人[167]对于HDPE在烘箱老化行为研究结论相一致,即:在老化初期主要发生的是降解反应,分子链断裂,分子量降低,熔融指数增加;在老化后期主要发生的是交联反应,分子量急剧增加,所以,VPE在老化过程中,熔融指数先增大后减小。可能所使用的RPE老化时间较长,因此,仅测试到熔融指数最后降低阶段的RPE。

图2-1(b)是VPP和RPP的熔融指数对比图,从图中可以看出VPP熔融指数为8.254g/10min,RPP熔融指数为11.486g/10min,相比而言,RPP在自然环境下的使用过

程中发生了自然老化降解，熔融指数增加3.232g/10min（增加39.16%），这可能是因为VPP在自然环境下的使用过程中受到光、热、氧等条件作用发生了分子链断裂，分子量变小，从而导致黏度降低，使得熔融指数增加[168]。

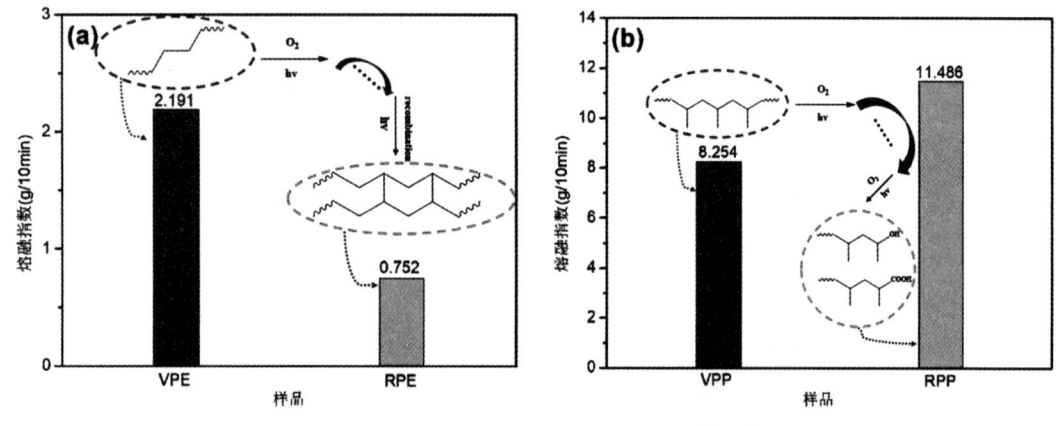

图 2-1 VPE、RPE(a)、VPP、RPP(b)熔融指数

2.3.2 VPE/VPP、RPE/RPP 熔融指数分析

图2-2(a)为VPE、VPP和VPE/VPP比例分别为5∶5和6∶4共混物的熔融指数图。图中可以看出比例为5∶5的VPE/VPP的熔融指数为5.032g/10min，VPE和VPP按照5∶5计算得到的熔融指数平均值为5.223g/10min，两个数值差值较小，可以近似认为VPE与VPP的混合属于物理混合，仅存在部分分子链缠结，导致共混物黏度微增，熔融指数微降。随着VPE比例的增加，VPE/VPP的熔融指数降低，当VPE∶VPP的比例为6∶4时，熔融指数为4.039g/10min，与熔融指数按比例计算得到的平均值4.616g/10min相比略微偏低，表明VPE对共混物熔融指数的影响占据主导作用，但仍然是物理共混作用。

图2-2(b)为RPE、RPP和RPE/RPP比例分别为5∶5和6∶4共混物的熔融指数图。图中可以看出比例为5∶5的RPE/RPP的熔融指数为5.057g/10min，RPE和RPP按照5∶5计算得到的熔融指数平均值为6.119g/10min，两个值相差较大，且RPE/RPP的熔融指数更低，这可能是因为RPE与RPP之间除了物理共混，分子链之间具有一定程度的缠结之外，两者由于老化生成的羟基与羧基之间发生了酯化反应，导致共混物的分子量增大，分子链增长，从而造成黏度增加，熔融指数降低。随着RPE∶RPP的比例增加至6∶4时，共混物的熔融指数不仅没有降低，反而微增至5.268g/10min，表明RPE与RPP之间的化学反应可能比RPE组分对共混物黏度的影响更大。

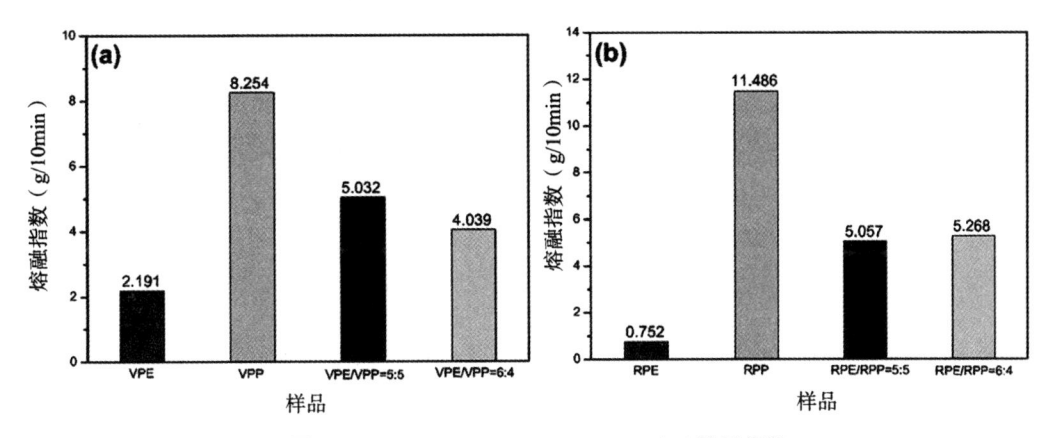

图 2-2 VPE、VPP(a)、RPE、RPP(b)熔融指数

2.3.3 VPE、RPE、VPP、RPP 力学性能分析

表 2-3 是 VPE、RPE、VPP、RPP 力学性能数据对比情况，表明 VPE 和 VPP 在自然环境使用过程中发生老化，使得材料的拉伸强度、断裂伸长率、缺口冲击强度、弯曲强度均降低，下降最明显的是断裂伸长率，VPE、VPP 分别降低 73.74%、37.16%。

对于 VPE 而言，导致其力学性能下降的机理可能为：新料时期，VPE 分子链完整，结构紧密，表面光滑，力学性能优异；老化前期，RPE 表面首先受到光、热、氧的侵蚀，表面分子链发生氧化断裂，分子量降低，宏观表现为表面裂纹的产生；随着老化时间延长，氧气及热渗入材料内部，从而引发内部分子链氧化断链，但由于含氧官能团的生成，分子间的交联反应占据了主导地位，这与前述熔融指数变化规律相一致。然而，由于受到 PE 材料表面裂纹的扩散及分子进一步老化，材料的综合力学性能均下降。

对于 VPP 而言，导致其力学性能下降的原因可能为 VPP 材料的叔碳原子容易受到光、热、氧的攻击，在三种因素综合影响下，RPP 的分子链发生氧化断裂，分子量降低，首先在表面产生裂纹，继而向内部发展，从而引发材料的整体力学性能下降。

表 2-3 VPE、RPE、VPP、RPP 力学性能

材料	拉伸强度（MPa）	断裂伸长率（%）	缺口冲击强度（kJ/m²）	弯曲强度（MPa）
VPE	38.57	168.44	8.16	32.52
RPE	24.12	44.23	4.05	22.63
VPP	31.26	107.45	7.18	29.43
RPP	27.90	67.52	5.19	21.43

2.3.4 RPE/RPP 力学性能分析

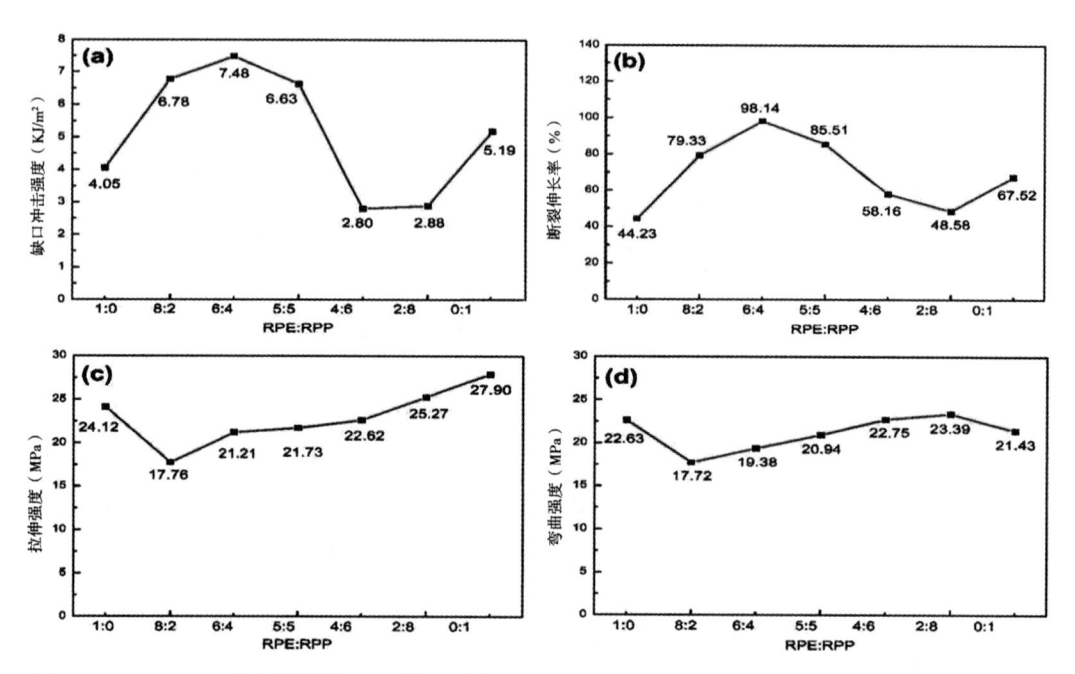

图2-3 RPE/RPP 的力学性能：(a)缺口冲击强度；(b)断裂伸长率；(c)拉伸强度；(d)弯曲强度

图2-3为 RPE/RPP 的力学性能图，其中2-3(a)、2-3(b)、2-3(c)、2-3(d)分别对应共混物的缺口冲击强度、断裂伸长率、拉伸强度和弯曲强度，且共混物中 RPE 与 RPP 的比例依次为1:0、8:2、6:4、5:5、4:6、2:8、0:1。图2-3(a)可以看出，纯 RPE 的缺口冲击强度4.05KJ/m^2，随着 RPP 的加入，且当 RPE/RPP=8:2时，共混物的缺口冲击强度增加至6.78KJ/m^2，而纯 RPP 的缺口冲击强度则仅为5.19KJ/m^2，说明 RPE 与 RPP 之间不只是物理共混，可能发生了一定程度的化学反应，使得 RPE 与 RPP 的链缠结紧密，相容性有较大提升，从而缺口冲击强度增加。随着 RPP 比例的增加，共混物的缺口冲击强度进一步增大，当 RPE/RPP=6:4时，缺口冲击强度达到最大值7.48KJ/m^2，表明 RPE 与 RPP 分子链中的反应基团达到反应平衡。随着 RPP 比例的进一步增大，共混物的缺口冲击强度开始降低，这可能是因为 RPP 中羟基、羧基等极性基团过量降低了共混物的相容性，且当 RPE/RPP=4:6或2:8时，共混物的缺口冲击强度达到最低，说明此时体系中的极性基团含量最高。有关 RPE/RPP 共混体系力学性能的相关报道[82]，用双转子混合器制样，并通过 RPE 含量变化对 RPP/RPE 共混合物性能影响进行分析，在一定含量范围内，随着 RPE 含量增加共混物的冲击强度迅速增加，并通过 SEM 观察到冲击断面出现小丝状物进一步验证了 RPE 起到了增韧剂的作用，产生原因在于 RPE 力学性能优

于RPP且二者之间存在较强的相互作用,但该研究未从反应机理方面分析RPP/RPE共混物冲击强度增加的机理。

图2-3(b)为RPE/RPP的断裂伸长率,图中可以看出,纯RPE和纯RPP的断裂伸长率分别为44.23%和67.52%。当RPE与RPP共混,且RPE的比例较高时,共混物的断裂伸长率较高,且在RPE/RPP=6:4时,共混物的断裂伸长率达到最大值98.14%,与纯RPE和纯RPP相比,分别提高了121.89%和45.35%。随着RPP含量占据主导后,共混物的断裂伸长率下降。共混物的断裂伸长率随RPE与RPP的比例变化与缺口冲击强度基本一致,再次印证RPE与RPP之间可能发生了化学反应,从而造成材料韧性的增加。

图2-3(c)为RPE/RPP的拉伸强度,可以看出RPE和RPP的拉伸强度分别为24.12MPa和27.90MPa,在纯RPE中加入20%的RPP时,共混物的拉伸强度急剧下降,这可能是由于两者相容性较差,界面结合力较弱造成。但随着RPP含量的增加,共混物的拉伸强度增加,这可能是因为RPP的刚性较大,强度较高,当RPP的比例较高时,RPP的刚性大占据了主导地位,所以共混物的强度增加。

图2-3(d)为RPE/RPP的弯曲强度,可以看出其变化规律与RPE/RPP拉伸强度的变化规律基本一致,但可以发现,当RPE:RPP共混物的比例为2:8时,共混物的弯曲强度达到最高,超过了纯RPE和RPP材料,说明共混物之间有一定的相容性,从而导致弯曲强度进一步增加。

2.3.5 VPE、RPE、VPP、RPP 傅里叶红外光谱分析

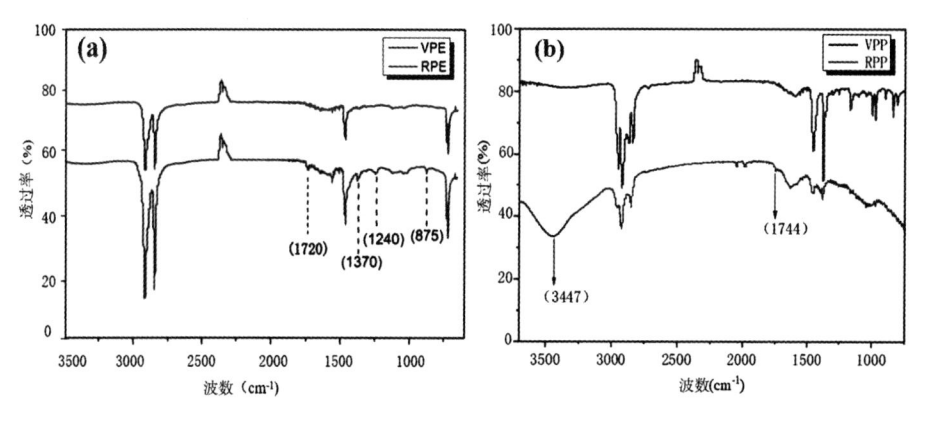

图 2-4 VPE、RPE、VPP、RPP 的红外光谱图

图2-4(a)为VPE、RPE的红外光谱对比图,图中可以看出,RPE与VPE相比,在1240cm^{-1}处的峰明显增强,其对应的是醇羟基的面内弯曲振动峰。在1720cm^{-1}处有新峰产生,其对应的是羰基的伸缩振动峰。在约3300~3500cm^{-1}之间时,RPE有弱宽峰产生,其

对应的是羧基中羟基的伸缩振动峰,表明 VPE 在使用过程中,在氧、热和紫外线等共同作用下,产生了新的羟基、羰基或羧基基团。而 875cm^{-1} 和 1370cm^{-1} 处对应的则是甲基的面内弯曲振动峰,其峰强度的增加表明 RPE 相对于 VPE,分子链断裂引起分子链数量增加,从而甲基数量增加。经分析得出,PE 老化受到多方面影响,例如,支链数和结晶度是影响 PE 老化的重要因素,支链数越多,叔碳原子越多,越易受到攻击,形成自由基,造成老化。非晶区对氧的敏感度最强,结晶度的大小对 PE 的老化起到两方面影响。首先,结晶度大,无定形区域则变小,受到氧攻击的区域减少,PE 不易氧化。然而,结晶区大,微晶区边缘的分子链容易弯曲并折叠起来,从而易受到氧的攻击,从而造成 PE 老化。总体上讲,结晶度越高,老化越容易,然而由于结晶度的变化幅度比较小,结合前述两方面共同作用,PE 的抗老化性能变化不明显。

图 2-4(b) 为 VPP、RPP 的红外光谱对比图,图中可以看出,RPP 与 VPP 相比,在 1744cm^{-1} 处的肩峰对应羰基峰,但强度不高,这可能是因为该批次 RPP 的老化时间较短,使用年限较短,所以 VPP 基本没有发生深度老化,大部分停留在了老化的初级阶段,即羟基的生成。在约 3000~3700cm^{-1} 之间,RPP 有宽峰产生,其对应的是羧基中羟基的伸缩振动峰,表明 VPP 在使用过程中,在氧、热和紫外线等共同作用下,产生了新的羟基基团,少量羰基或羧基基团。VPP 老化后所产生的基团与 Denis Bertin 等人[169]认为的 PP 热降解过程相一致,如图 2-5 所示。

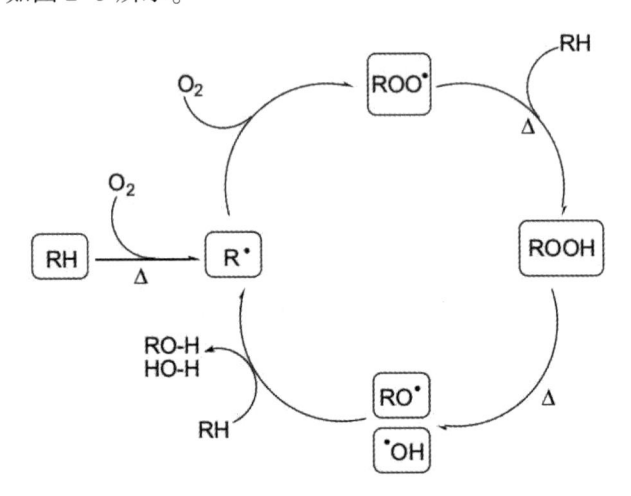

图 2-5　PP 热氧降解循环机理[169]

2.3.6 RPE、RPP 和 RPE/RPP 傅里叶红外光谱分析

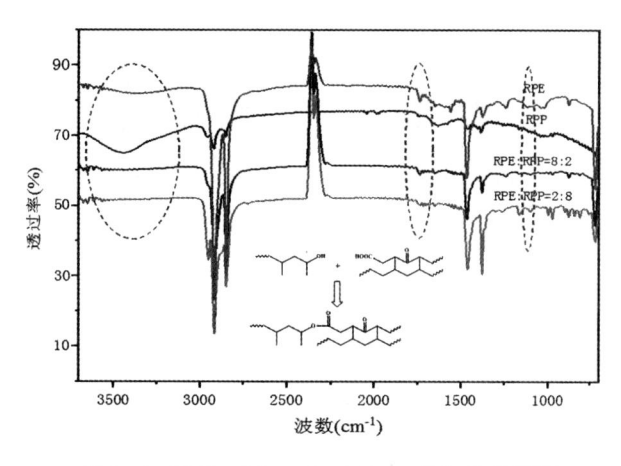

图 2-6 RPE、RPP、RPE/RPP 的红外光谱图

图 2-6 为 RPE、RPP 和 RPE/RPP 的红外光谱对比图，图中可以看出，RPE 与 RPP 共混后，在 3000~3500cm^{-1} 的宽峰消失，其对应的是羧基中羟基的伸缩振动峰。但 1740cm^{-1} 的峰则没有明显变化，其对应的是羰基峰，表明 RPE 和 RPP 中由于老化所生成的羟基与羧基之间发生了一定程度的酯化反应，导致羧基的量显著降低。而酯基中的羰基峰也在 1740cm^{-1} 附近，因为此处的峰并没有消失，再次证明了 RPE 和 RPP 共混后存在酯化反应。

2.3.7 RPE/RPP 分子动力学模拟

废弃的 RPE 和 RPP 长期暴露在环境条件下会导致氧化反应。因此，为了模拟这些分子系统，氧化基团被纳入 RPP 和 RPE 链段，如图 2-7(a)所示。随后，利用 GAFF 力场在 NPT 系综下进行了仿真。仿真时间步长为 2fs，运行时间为 40ns。在模拟过程中，温度和压力分别采用 V-rescale 和 C-rescale 进行控制。范德华相互作用截止距离设为 12.5 Å。RPE/RPP 共混物的模拟过程如图 2-7(c)所示，组成比为 6∶4。图 2-7(c)展示了两个组件之间的高度兼容性。在整个 NPT 模拟过程中，对温度、体积、能量和密度等参数进行了监测，以确保模拟收敛，如图 2-7(d)-(g)所示。此外，图 2-7(f)表明 PE/PP 共混后体系能量降低，表明 RPE 和 RPP 之间具有相容性。图 2-7(b)中，红色实线表示体系内氢键总数，绿色实线表示 RPE 与 RPP 之间形成的氢键数。这一观察结果强调了 RPE 和 RPP 之间显著的氢键，有助于它们良好的相容性。

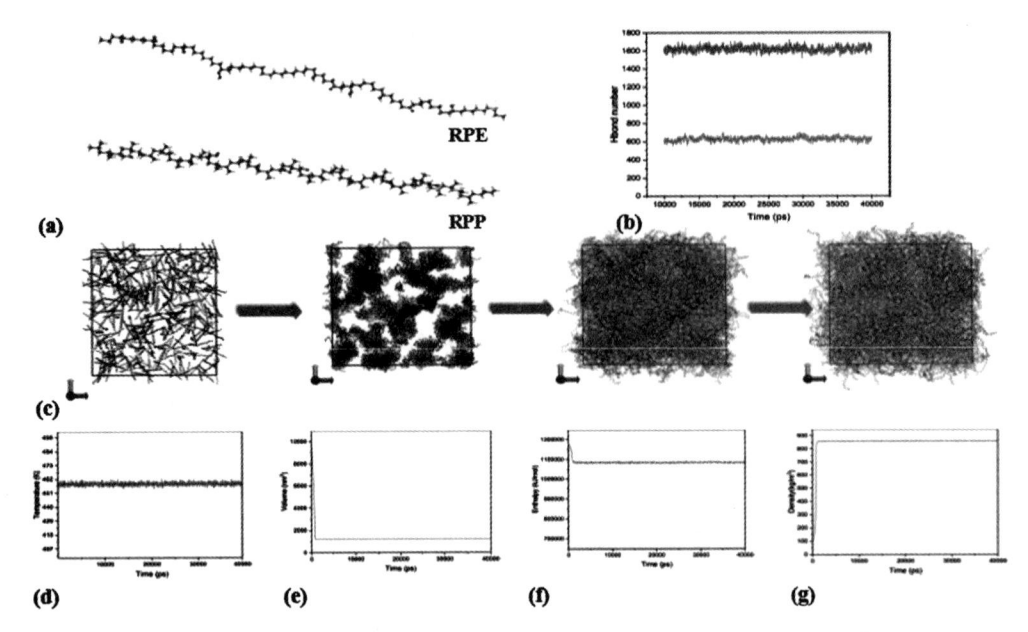

图 2-7 RPP 和 RPE 分子的结构图(a)分子模拟过程中的氢键数(b)分子模拟过程
(c)温度(d)体积(e)焓(f)密度(g)

使用与上述相同的模拟方法和方法，构建比例为 2∶8 的 RPE/RPP 混合模型，如图 2-8(a)所示。很明显，即使随着时间的推移，这两个组成部分继续表现出相当程度的兼容性。值得注意的是，图 2-8(d)中体系的焓值超过了图 2-7(f)，说明 RPE/RPP 比例为 8∶2 的体系比 6∶4 的体系更不稳定。氢键分析证实了这一观察结果，图 2-8(b)中 RPE 和 RPP 之间的氢键数比图 2-7(b)少三分之一。分子模拟结果表明，RPE 和 RPP 以 6∶4 的比例表现出强大的相容性，这主要是由于它们之间存在大量氢键。相反，将比例改为 8∶2 会导致系统焓增加，氢键数减少，表明相容性降低。这些发现与上述实验结果一致。

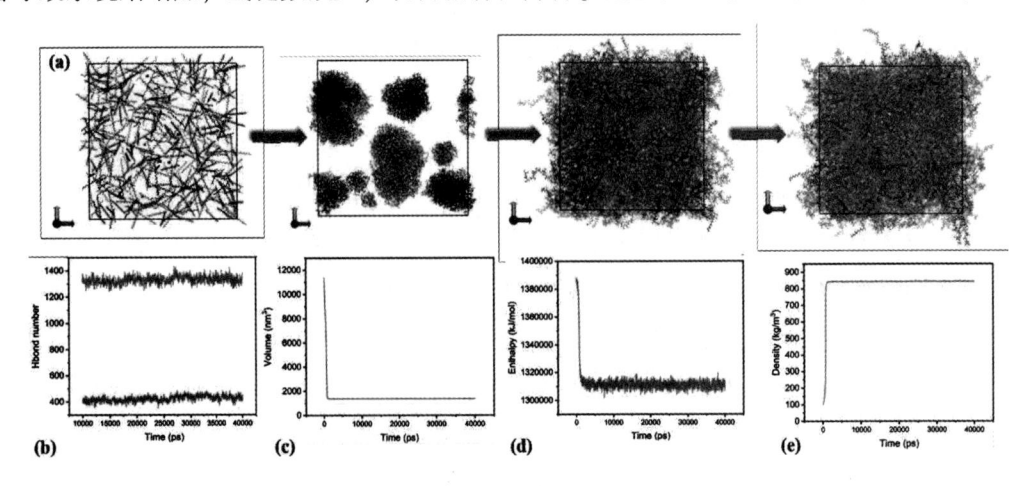

图 2-8 分子模拟过程(a)分子模拟过程中氢键数(b)体积(c)焓(d)密度(e)

2.3.8 RPE、RPP 差示扫描量热法分析

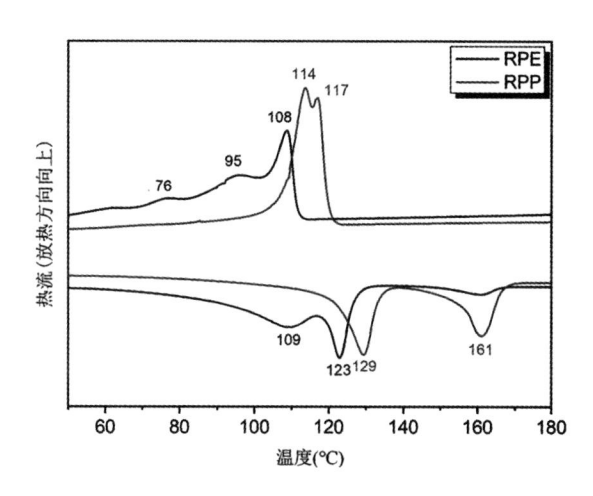

图 2-9 RPE、RPP 的 DSC 曲线

图 2-9 为差示扫描量热仪测试所得 RPE 和 RPP 的 DSC 曲线，可以看出，RPE 的结晶温度在 108℃附近，95℃附近的肩峰可能为 PE 晶区边缘部分未结晶完全的峰，也可能是 RPE 中包含两种及以上的 PE 种类，如 HDPE 和 LDPE 等，所以在 95℃和 76℃附近均有肩峰出现，还可能是因为 RPE 由于老化造成了分子量下降，分子链断裂，从而影响了结晶，呈现出结晶范围较宽，且不完全的现象。RPP 的结晶温度在 115℃附近，但是有两个峰出现，这可能是由于 RPP 的来源复杂，由不同型号 RPP 组成导致。图中还可以看出，RPE 的熔融温度在 123℃附近，且在 109℃附近也出现了宽峰，表明 RPE 可能由多种型号 PE 组成，也可能是 PE 晶区边缘部分的松弛峰，此结果与 RPE 的结晶曲线相一致。然而在 161℃附近出现了弱结晶峰，这可能是因为 RPE 中掺杂了微量 PP 导致。从 RPP 的 DSC 升温熔融曲线中可以看出，RPP 有两个熔融峰，即 129℃和 161℃，这也可能是由不同型号 PP 组分导致，与 RPP 的 DSC 降温结晶曲线结果相一致。

2.3.9 RPE/RPP 差示扫描量热法分析

图 2-10 为 RPE、RPP 和 RPE/RPP 通过 DSC 测试得到的降温结晶曲线，关于 RPE 和 RPP 的降温结晶曲线已在 2.3.8 中分析(见图 2-9)。当 RPE 与 RPP 共混后，样品的结晶发生了一定程度改变，如图 2-10 中曲线 RPE：RPP=6：4，可以看出，共混物的结晶峰主要位于 110℃和 115℃，与 RPE 相比，结晶温度向高温方向偏移 3℃~7℃，表明 RPE 受到 RPP 的影响较大，阻碍了 RPE 的结晶，使得 RPE 的结晶温度升高。同时，与纯 RPE

的 DSC 曲线相比，共混物中的肩峰明显减弱，这可能是因为 RPP 的加入打乱了 RPE 分子链的规整性，使得结晶能力降低。随着 RPP 组分的增加，共混物的结晶能力进一步降低，这可以从 RPE：RPP＝5：5 的 DSC 曲线中看出，其结晶峰面积较 RPE：RPP＝6：4 共混物偏低。且 RPE/RPP 的结晶峰面积相对 RPP 明显减弱，再次证明了共混对结晶能力的影响。

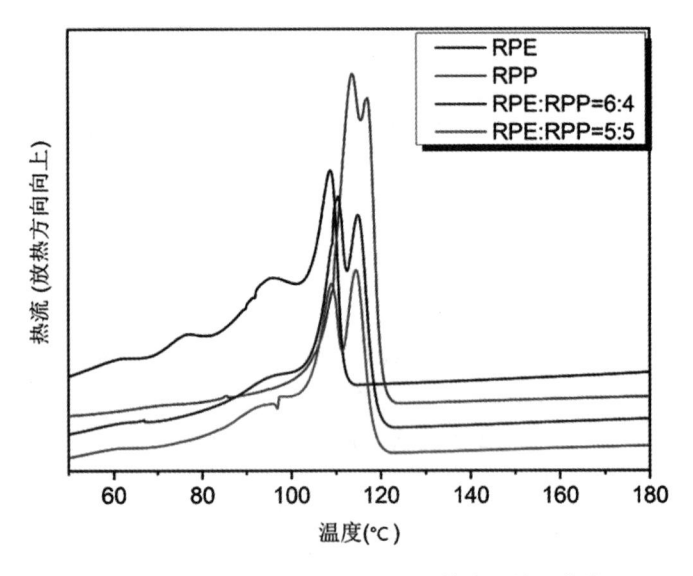

图 2-10　RPE、RPP、RPE/RPP 的降温结晶曲线

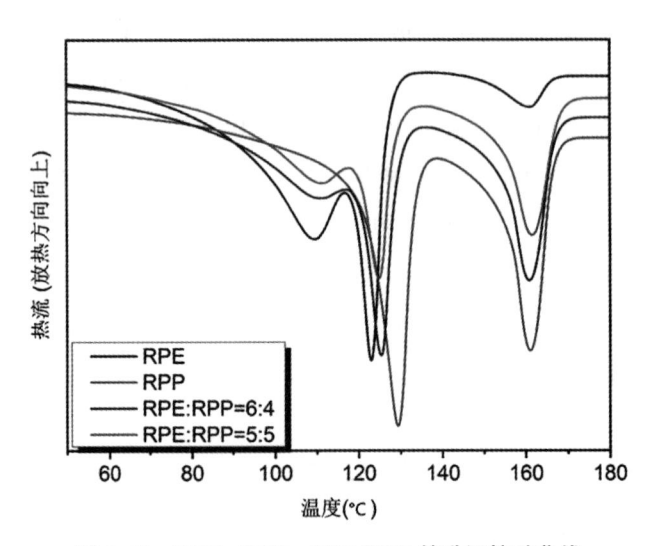

图 2-11　RPE、RPP、RPE/RPP 的升温熔融曲线

图 2-11 为 RPE、RPP 和 RPE/RPP 通过 DSC 测试得到的升温熔融曲线，其中 RPE 和 RPP 的升温熔融曲线已在 2.3.8 中分析。随着 RPE 和 RPP 的共混，RPP 的主熔融峰温度降低至 160℃，RPE 和 RPP 在 129℃熔融峰叠加，致使共混物的低温段熔融峰处于 125℃。随着 RPP 比例的增加，熔融峰的峰面积均降低，表明 RPP 对共混物结晶能力的影响更大。

2.3.10 VPE/VPP、RPE/RPP 微观形貌分析

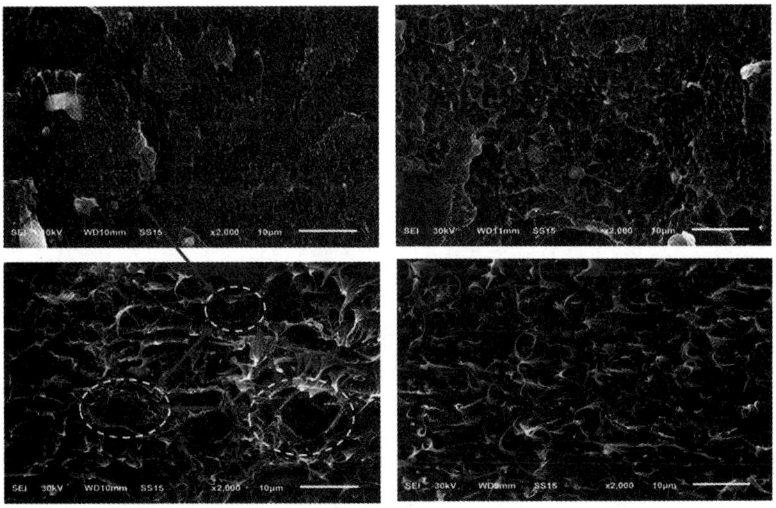

图 2-12 VPE/VPP 和 RPE/RPP 两类断面微观形貌：（a）VPE/VPP=6∶4（冲击断面）、（b）RPE/RPP=6∶4（冲击断面）、VPE/VPP=6∶4（拉伸断面）、（b）RPE/RPP=6∶4（拉伸断面）

图 2-12 为 VPE/VPP 和 RPE/RPP 共混物质量比均为 6∶4 的样品冲击断面的微观形貌图，其中图 2-12（a）为 VPE/VPP 冲击断面的扫描电镜图，由图可以看出，共混物中 VPE、VPP 两相基本为共连续结构，二者原材料之间边界比较清晰，可以看到 VPE 与 VPP 各自有轻微团聚的现象，两相之间相对较为独立，且在测试后的断裂面相对比较平整，这表明 VPE 和 VPP 之间相互作用较弱，表现为物理共混，二者相容性较差，所以在受到外力冲击时，两相之间的应力传递容易中断，造成脆性断裂。同样在质量比为 6∶4 的 VPE/VPP 共混物的拉伸断面图 2-12（c）中也观察到类似现象，甚至在拉伸断裂时出现缺口空洞，进一步说明 VPE 与 VPP 之间相容性欠佳。

图 2-12（b）为 RPE/RPP 冲击断面的扫描电镜图，可以在图中明显看出其中一相被抽拔留下的痕迹，且两相边界相对模糊，表明两相相容性较 VPE/VPP 更好，这可能是因为老化使得 RPE 和 RPP 产生的羟基和羧基在双螺杆挤出造粒过程中，在高温、剪切及混炼作用下，在二者原材料中为改善原始制品使用而所添加的各类改性剂、助剂等协同作用下，发生了一定程度的化学反应，从而增加了 RPE、RPP 两相之间的相容性。与图 2-12（c）对比分析，且从质量比为 6∶4 的 RPE/RPP 拉伸断面的扫描电镜图 2-12（d）可知，拉伸断面看到明显的丝状物痕迹，且空洞变小且均匀分布，进一步说明 RPE/RPP 共混物中存在化学反应改善了二者原材料之间的相容性。

综上分析可知，微观形貌的分析结果与力学性能分析结果一致，而且在 2.3.6 不同质

量比的RPE/RPP的共混物中有新特征峰的出现,同样在2.3.7两类RPE/RPP质量比的分子动力学模拟及2.3.9不同质量比例的DSC表征分析均可以证实。

2.3.11 RPE/RPP 热稳定性分析

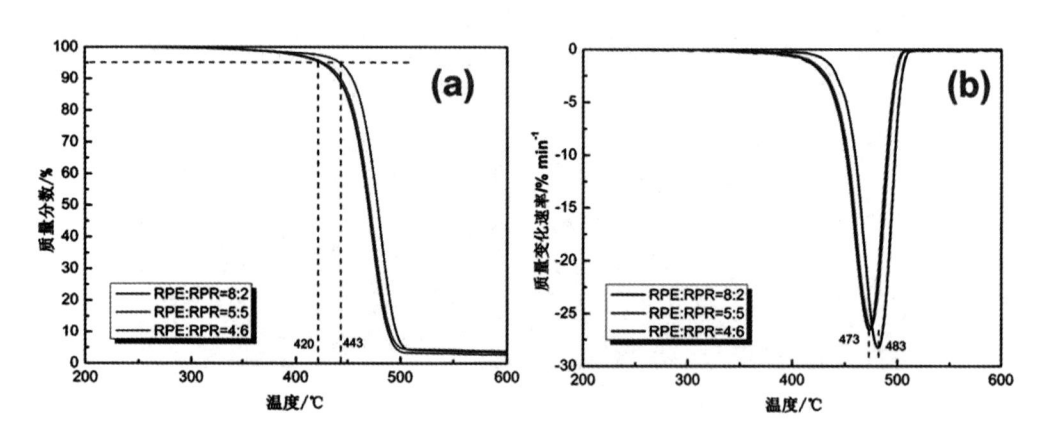

图 2-13 不同比例 RPE/RPP 热重分析图

图2-13为不同比例RPE/RPP热重分析图,其中图2-13(a)为TGA曲线,图2-13(b)为DTG曲线,通常将起始热降解温度($T_{5\%}$)和最大热失重速率温度(T_{max})作为衡量聚合物材料热稳定性的参数。由图可知,当RPE/RPP的比例为4∶6时,样品的$T_{5\%}$为420℃,而常规PE或者PP的热降解温度范围约在300~400℃之间[77],说明RPE和RPP之间可能发生了化学反应,导致分子量增加,热降解活化能增加,起始热降解温度升高,也可能是因为RPE和RPP在长期老化的过程中,发生了交联,提高了热降解温度。随着RPE比例的增加,共混物的$T_{5\%}$继续升高,当RPE/RPP比例为8∶2时,$T_{5\%}$提高到443℃,表明共混物中RPE对热稳定性的影响更大,这可能是由于RPE老化程度较大,交联在热降解实验中起到了更为决定性的作用。图2-13(b)中同样可以看出,随着RPE比例的增加,共混物的T_{max}呈现出升高的趋势,再次印证了RPE在长期老化过程中发生了交联,且RPE与RPP之间可能发生了一定化学反应,从而提高了共混物的相容性,热稳定性提高。

2.4 本章小结

本章对VPE、RPE、VPP、RPP及其共混物的熔融指数、红外光谱、力学性能、结晶性能及微观形貌进行了分析，同时，也通过选取典型性不同质量比的 RPE/RPP 共混物进行分子动力学模拟计算，所得主要结论如下：

(1) 熔融指数分析结果表明，RPE 和 RPP 在自然使用条件下，均发生了不同程度的老化。VPE 和 VPP 共混后，主要发生了物理缠结，因此黏度提高较少，熔融指数降低不明显。而 RPE 和 RPP 则由于老化生成的羟基与羧基之间发生了酯化反应，导致 RPE/RPP 的黏度提高较多，熔融指数降低明显。

(2) 力学性能分析结果表明，RPE 和 RPP 均在长期的自然老化条件下，冲击强度、断裂伸长率、拉伸强度和弯曲强度等均发生了不同程度的下降。RPE/RPP 的缺口冲击强度和断裂伸长率随着 RPP 含量的增加呈现出先增大后降低的趋势，且在 RPE：RPP = 6：4 时，两者性能达到最优，这与两者间官能团的反应达到饱和相关。而 RPE/RPP 的拉伸强度和弯曲强度则与两者相容性关系不大，与 RPP 本身的刚性有关。

(3) FTIR 分析结果表明，RPE 和 RPP 均在长期的自然老化条件下，发生了一定程度的老化降解和交联，并生成了羟基和羧基等官能团。且 RPE/RPP 中由于老化生成的羟基和羧基之间发生了酯化反应。

(4) 分子动力学模拟结果表明，当 RPE/RPP 比为 6：4 时，体系中的氢键数远大于 RPE：RPP 比为 8：2 时的体系。前一种体系的熵也比后一种体系小得多，说明当 RPE/RPP 比为 6：4 时，体系更加稳定，力学性能最好。

(5) DSC 分析结果表明，RPE 和 RPP 可能均由不同型号的 PE 和 PP 组成，因此造成了 RPE 在较宽的温度范围内出现了结晶峰，RPP 出现了主结晶峰及肩峰，且 RPE 中可能有微量 PP 的存在。在 RPE/RPP 共混中，两者的结晶能力均减弱，RPE 的结晶温度提高，RPP 的结晶峰面积降低，且 RPP 对共混物结晶能力的影响更大。

(6) 微观形貌分析结果表明，VPE/VPP 冲击断面两相间界面比较清晰，而 RPE/RPP 冲击断面两相间界面较为模糊，这再次印证了 RPE 与 RPP 之间的化学增容作用，同时从微观角度对共混物冲击强度、断裂伸长率变化进行解释。

(7) 热重分析结果表明，RPE/RPP 中 RPE 可能发生了较大程度交联，且与 RPP 之间可能发生了化学增容作用，从而提高了共混物的热稳定性。

第3章 PP-g-MAH 对 TBM 性能影响及机理研究

3.1 引言

　　塑料制品在使用过程中受到光、热、氧、紫外线等作用，使高分子结构中的活泼基团发生变化，导致其性能不可逆变差，直接使用附加值较低，因此，需对其进行改性再生，进而达到再利用目的，常用的改性方法有物理改性和化学改性[170]。物理改性是指在废弃塑料中加入填料、助剂、聚合物等，并通过物理共混的方式改变废弃塑料性能。张效林与薄相峰[171]采用开放式混炼机对 RPP/RONP 纤维(旧报纸)进行混炼，并在混炼过程中均匀加入 PP-g-MAH，结果再生材料的弯曲强度、拉伸强度均提高。A. A. S Mariam Atiqah 等人[172]应用双螺杆挤出机造粒，研究了 PP-g-MAH 对不同比例 RPP/RHDPE(回收高密度聚乙烯)共混物力学性能的影响。结果分析表明：(1) PP-g-MAH 含量一定条件下，随着 RPP 含量的增加共混物拉伸强度、弹性模量增加，而断裂伸长率降低；(2) 与未添加 PP-g-MAH 相比，PP-g-MAH 提高了共混物上述三方面的力学性能，其变化趋势与(1)一致，但尚未分析 PP-g-MAH 含量变化对共混物性能的影响。而 PP-g-MAH 具有耐疲劳、力学强度高、易加工等性能[173]，其中的 MAH 含有共轭马来酰基(1个乙烯基连接2个羰基)，化学性质非常活泼，极易发生酯化、磺化、氧化还原等化学反应[174]。因此，将 PP-g-MAH 应用于 RPP/RPE 共混改性具有现实意义。

　　综上分析，鲜见 PP-g-MAH 含量变化对 RPP/RPE 共混物性能影响的相关研究，对此，为了使共混物改性效果最佳，本章采用分区加料的双螺杆挤出技术，在高温及剪切力条件下，使原材料熔体各组分之间可以充分发生物理、化学相互作用[175]。同时考虑到 RPE、RPP 老化对性能影响及前期共混合物基体配方研究基础，将 PP-g-MAH 加入 RPE/

RPP(质量比6∶4)体系中,研究了PP-g-MAH含量对三元共混改性剂TBM力学性能、熔融指数、热稳定性、微观形貌等影响,并应用傅里叶红外光谱仪对可能发生的化学反应及作用机理进行分析、探究。期望获得综合性能较好的共混物,为RPE、RPP共混再生工业化应用提供实验及理论依据。

3.2 实验部分

3.2.1 实验原材料

实验所用原材料RPE、RPP信息见2.2.1内容,PP-g-MAH:厦门凯思塑料科技有限公司,其主要技术指标如下表3-1(厂家提供)。

表3-1 PP-g-MAH 主要技术指标

测试项目	测试数据	检测方法
外观	淡黄颗粒	
密度(g/cm³)30 8 5 3 6	0.95	ASTM-D792 ISO-1183
熔点(℃)	130	ASTM-D3418 ISO-3146
MFI(g/10min)	2.5	ASTM-D1238 ISO-1133
接枝率	1.5%	酸碱滴定法

备注:MFI测试条件:190℃、2.16kg

3.2.2 主要仪器、设备

除表2-2主要仪器设备外,本章实验所用主要仪器设备(除自制设备)及其型号、生产厂家如表3-2所示。

表 3-2 主要仪器设备

仪器、设备名称	型号	生产厂家
电子天平	CZB10002	诸暨市超泽衡器设备有限公司
电热鼓风干燥箱	GZX-9140MBE	上海博讯实业有限公司
平行同向双螺杆挤出机	SHJ-36	南京诚盟化工机械有限公司
傅里叶变换红外光谱仪	Nicolet is10	上海力晶科学仪器有限公司

3.2.3 TBM 样品制备方法

将 RPP、RPE 于 80℃下干燥 2.0h，PP-g-MAH 于 60℃下干燥 2.0h 后，称取六组 RPE、RPP 质量分别为 3000g、2000g，每组 PP-g-MAH 添加量取 0g(0%，空白实验)、50g(1%)、150g(3%)、250g(5%)、350g(7%)、450g(9%)，首先将 RPE 与 PP-g-MAH 用高速混合机混合均匀，混合工艺为：低速 750~1200r/min 运行 8~10min，高速 1600~2000r/min 运行 3~6min，后将 RPE/PP-g-MAH 均匀共混物加入平行同向双螺杆挤出机料仓 A，RPP 加入料仓 B(以距螺杆驱动电机位置最近为 A 料仓位且计第一加热区，向机头顺延，依次 B 料仓位于第四加热区)，螺杆挤出机温度设定分别为 175℃~180℃~180℃~185℃~190℃~190℃~185℃~185℃~180℃~180℃(按从料仓 A 至机头顺序)，挤出的线料经循环水冷却、风干、切粒，后续测试备用，其制备工艺流程及相关信息见图 3-1。

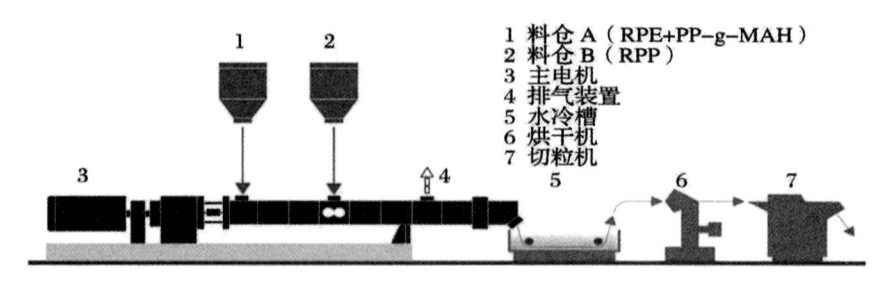

图 3-1 TBM 制备流程图

1 料仓 A (RPE+PP-g-MAH)
2 料仓 B (RPP)
3 主电机
4 排气装置
5 水冷槽
6 烘干机
7 切粒机

将上述所制备 TBM 颗粒置于鼓风干燥箱中 70℃干燥 12h，后于注塑机内制样，注塑机各段温度为 180℃~185℃~190℃~190℃，制得 TBM 样品，并进行后续相关测试、表征，其相关原材料配比信息见表 3-3。

表 3-3 TBM 原材料配比信息

实验序号	料仓 A（RPE+PP-g-MAH）	料仓 B（RPP）
1	3000g+0g（0%）	2000g
2	3000g+50g（1%）	2000g
3	3000g+150g（3%）	2000g
4	3000g+250g（5%）	2000g
5	3000g+350g（7%）	2000g
6	3000g+450g（9%）	2000g

3.2.4 TBM 性能测试与结构表征

（1）熔融指数测试、力学性能测试、差示扫描量热仪分析、傅里叶红外光谱分析：相关测试方法详见 2.2.4。

（2）微观形貌测试：将冲击样条在液氮中冷却脆断，截取脆断样品断面，喷金处理后在扫描电子显微镜下观察脆断面的微观形貌，加速电压为 30kV，放大倍数为 2000×；截取冲击试验得到的样品断面，喷金处理后在扫描电子显微镜下观察冲击断面的微观形貌，加速电压为 30kV，放大倍数为 2000×。

（3）热重分析：该试验方法参照相关文献[77]，将 TBM 样品置于鼓风干燥箱中 70℃ 干燥 12h，取 5~10mg 样品于坩埚中，氮气保护从室温加热到 800℃，加热速率 10℃/min，氮气速率 50mm/min，记录所有样品的 TGA 曲线，计算得到 DTG 曲线。

3.3 结果与讨论

3.3.1 TBM 傅里叶红外光谱分析

采用 FTIR 的方法研究了 RPE、RPP、PP-g-MAH 在共混造粒过程所发生的化学变化，试验测得红外光谱图如图 3-2 所示。3353cm^{-1} 是由羧基中-OH 的伸缩振动引起，表明 PP、PE 在长期的使用过程中发生氧化降解，并有羰基、羧基等官能团的生成。2914cm^{-1} 处有很强的吸收峰，这是亚甲基对称伸缩振动（2926cm^{-1}）产生的[170]。在 1462cm^{-1} 处是亚甲基变形振动产生的峰，在 1739cm^{-1} 处有明显的吸收峰，表明分子链中有羰基的存在，说明再生料中有部分被氧化,1376cm^{-1}处的吸收峰是甲基的吸收峰[176]。添加了PP-g-MAH之后,共混物中3353cm^{-1}处的峰值相对强度变小,且在7%含量及以后未观察到该峰值,1739cm^{-1}峰值相对强度变高,说明了部分-OH与PP-g-MAH的MAH发生反应。另外在9%含量PP-g-MAH的TBM中观察到在1896cm^{-1}的吸收峰可能是MAH的特征吸收峰,因为PP-g-MAH在TBM物中一部分与-OH发生反应生成酯类物质,1896cm^{-1}峰只能是另一部分未参与反应的"游离"PP-g-MAM分子链中的MAH,推测在7%~9%含量时酯化反应已全部完成。

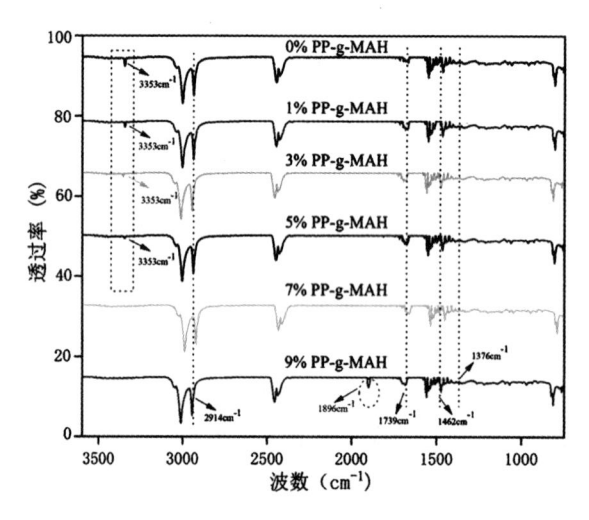

图3-2 不同含量PP-g-MAH的TBM红外光谱图

3.3.2 TBM制备机理分析

在TBM制备过程中,首先是PP-g-MAH与RPE在平行双螺杆捏合作用下,在温区175℃~180℃~180℃~185℃条件下,PP-g-MAH中MAH基团与RPE中-OH发生反应生成酯类化合物,其产物结构如图3-3中(1),其机理为:五元环状马来酸酐的反应活性主要取决于羰基碳所连基团的性质和空间体积,集中体现在羰基碳所带电荷的大小,所带正电荷越强反应活性越强,同时也是亲核试剂(-OH)是进攻的原因,同时共轭双键的存在,使环上原子尽可能保持在一个平面区域,导致能量较高,在受到-OH进攻时,π电子云易发生激化变形,电子云密度交替变化,容易与-OH发生开环反应,生成酯类物质[177,178]。从喂料口B(在第四温区)开始均匀加入RPP,进一步发生MAH与RPP中的-OH继续发生反应,与此同时,由于(1)中产物、PP-g-MAH、RPP三者之间的存在相似分子链结构PP,增加了三者之间的物理缠绕(图中(2)),化学与物理作用共同提升了三种原材料之间的相容性,类似所发生的物理化学现象在LLDPE-g-MAH(线性低密度聚乙烯接枝马来酸酐)增容改性 HDPE(高密度聚乙烯),同时 MAH 基团与沥青中-OH 发生化学反应已有相关文献报道[179]。

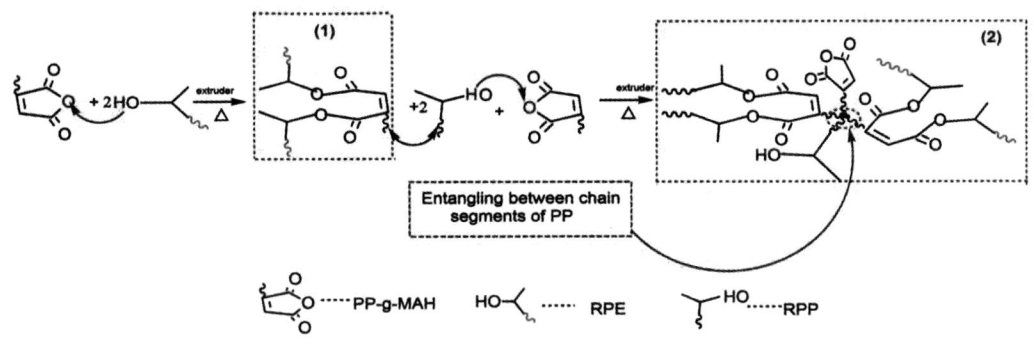

图 3-3 TBM 制备机理图

3.3.3 TBM 力学性能响应及产生机制分析

PP-g-MAH 含量对 TBM 力学性能影响及产生机制如图 3-4,从图 3-4(a)可以看出,拉伸强度、缺口冲击强度、断裂伸长率三项力学性能指标在其含量 0%~7%范围内,随着 PP-g-MAH 含量增大而增加,与 RPE/RPP(PP-g-MAH 含量 0%)相比,分别提高了 42.62%、62.78%、123.45%。而在 7%~9%之间时,随着其含量继续增加,反而上述三项力学性能指标逐渐递减,与 7%含量相比,最大降幅分别为 3.56%、5.01%、5.33%,但仍大于未添加 PP-g-MAH 共混物指标,说明 PP-g-MAH 相容剂的添加及其含量对 TBM 力学性能有重要影响,进而对 RPE、RPP 共混改性物在设计、加工、使用等环节均有指导意义。

产生上述力学性能变化的原因在于 RPE、RPP 两种材料不相容(相对于 VPE/VPP 而言,RPE/RPP 相容性有所改善,前期研究工作已证明。),所以在共混过程中两项之间会发生相分离[详见本章 3.3.6 节中图 3-8(a)],尽管采用双螺杆挤出进行熔融共混,但这种机械力的作用只能使二者分子链在界面处有轻微的扩散,当受到外力时,容易在界面处中断,不能有效传递到材料体系中,以及在受力过程中易于诱发应力集中,导致两项剥离,产生孔洞,引发材料破坏,强度下降[180]。而 PP-g-MAH 加入弱化了上述现象,随着 PP-g-MAH 用量的增加,RPE、RPP 产生的-OH 等活性基团与 PP-g-MAH 中 MAH 的碰撞几率提升,反应生成酯类物质。同时 RPP、PP-g-MAH 相似分子链 PP 之间的物理缠结[179],以及上述机械扩散等物理、化学共同作用导致两相界面层厚度增加,使得 RPE/RPP 的拉伸强度和缺口冲击强度不断增大,但达到最大值后,随着 PP-g-MAH 含量的继续增加,共混物中的分子链排列混乱,结晶度减小,共混物的拉伸强度和缺口冲击强度随着 PP-g-MAH 用量的增加反而下降(7%~9%),同时 PP-g-MAH 在基体(RPE/RPP)中存在过多的极性 MAH，致使大分子链运动受阻，基体的流动性降低，相容性降低，导致强度开始下降[170]。对于断裂伸长率变化可能的原因在于添加 PP-g-MAH 后，因化学、物理共同作用，使 TBM 的分子量随着其含量(0%~7%)增加而增大，TBM 材料在拉伸作用时趋于韧性断裂，断裂伸长率通常随分子量的增大而增大[181]。但当其含量 7%~9%范围内时，PP-g-MAH 的"过剩"，由于 MAH 基团存在增加了体系的极性，降低了 PP-g-MAH 与 TBM 之间的界面粘结强度，导致在拉伸过程中容易发生断裂，断裂伸长率降低，PP-g-MAH 含量越高降低越明显[77]。

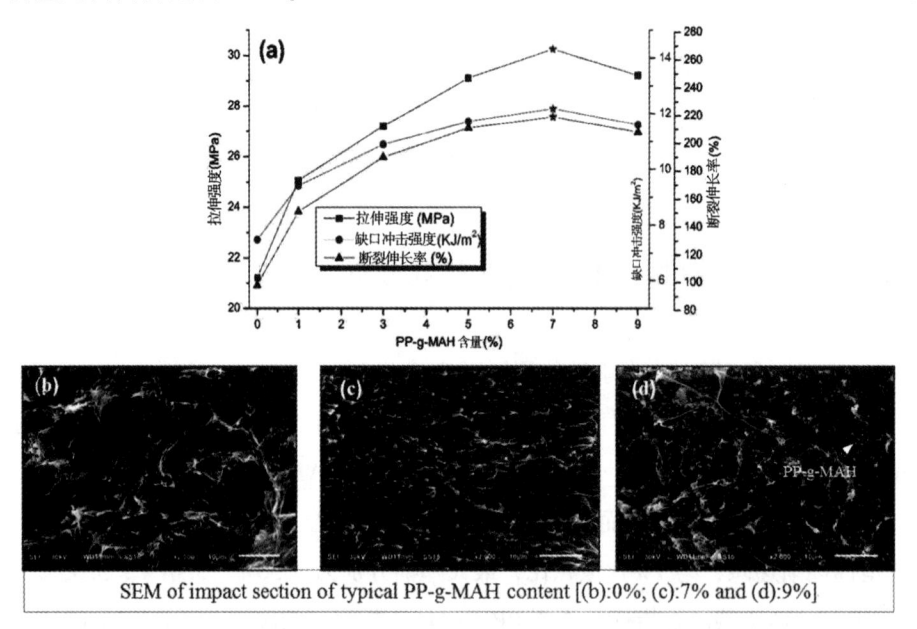

图 3-4 PP-g-MAH 含量对 TBM 力学性能的影响及产生机制

此外，为了进一步验证上述图 3-4(a)所反映的力学性能变化，特选取 0%、7%、9%含量 PP-g-MAH 的 TBM 样条冲击试验后的断面进行了微观形貌表征[如图 3-4(b)~图 3-4(d)]，结果发现：在 0%含量时[未加入 PP-g-MAH 时的 TBM 冲击断面(图 3-4(b)]显示 RPP 在 RPE 中分散很不均匀，可以明显观察到 RPP 从基体 RPE 中被拔出所留下的空洞迹象。在 7%含量时，冲击断面[图 3-4(c)]出现较多牵伸结构，形成许多小丝状物，发生显著的塑性变形，在冲击时吸收较多的能量，起到增韧的作用，冲击强度增加。与图 3-4(c)相比，在 9%含量时，小丝状物单位面积密度有所下降，但仍大于图 3-4(b)，且有 PP-g-MAH"过剩"现象出现，通过典型 PP-g-MAH 含量的 TBM 冲击断面微观形貌表征，可以直观地观察到 RPE、RPP 两相之间相容性变化情况，这与图 3-4(a)力学性能变化及本章 3.3.6 节中图 3-8 脆断面微观形貌分析结果是一致的。

3.3.4 TBM 熔融指数分析

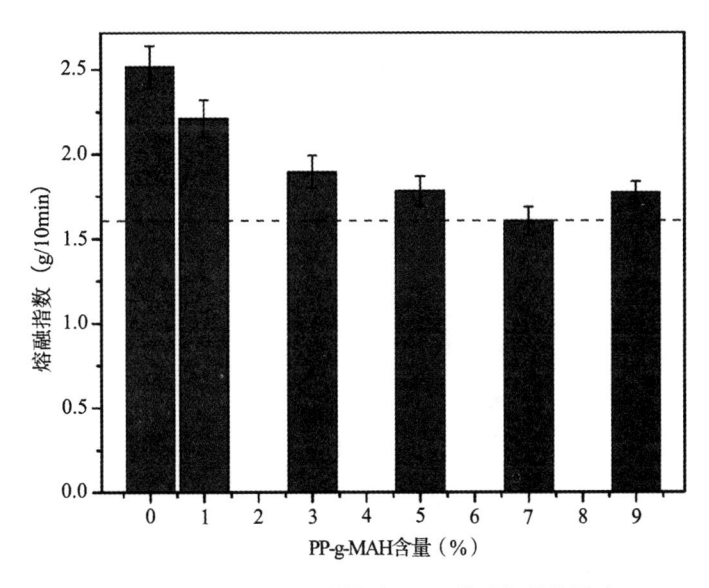

图 3-5 PP-g-MAH 含量对 TBM 熔融指数的影响

不同含量 PP-g-MAH 对 TBM 熔融指数的影响见图 3-5。由于 VPE、VPP 制品在使用过程中，因老化使分子链断裂或交联、分子量发生变化，对熔融指数值产生影响（详见 2.3.1），进而影响到共混物的加工特性及性能。而共混物的熔融指数是研究熔融共混物的重要方式，该特性受到共混物配比、测试条件、相容性等方面的影响，对共混物改性工艺的选择具有重要指导意义[182]。通过 PP-g-MAH 对 RPE/RPP 分子链进行"修复"，提高二者之间的相容性进一步改善 TBM 流变性能，从图 3-5 可知，PP-g-MAH 含量在 0%~7%范围内，随着其含量的增加 MFI 值递减，最大降低 36.17%（0%：2.516g/10min；7%：1.606g/10min），这是因为 MAH 基团可以与 RPE、RPP 中活性基团-OH 发生反应（详见图 3-3），导致大分子之间发生交联，使得分子链的运动阻力增大，流动性明显降低，共混物的熔体黏度较大。另一方面 PP-g-MAH 与 RPP 中含有相似 PP 分子链易于增加了分子间的缠结，进一步增强分子链之间的相互作用，该机理已有相关报道[179]。物理（分子链缠结）、化学（产生酯基）双重作用使得 TBM 相容性得到改善，分子链间的作用力增强，链缠结度增大，分子链柔性降低，运动阻力增大，流动性变差，熔融指数值降低[183]。然而当 PP-g-MAH 含量在 7%~9%之间时，随着其含量增加，反而熔融指数增大，可能的原因在于 MAH 基团与 RPE、RPP 中活性基团-OH 反应已经完成，PP 分子链之间的缠结作用已经饱和，相对而言，PP-g-MAH 出现"剩余"，再次出现 TBM（RPE/RPP/PP-g-MAH）与 PP-g-MAH 相分离现象，导致相容性下降，流动性增强，熔融指数值出现反弹，PP-g-

MAH 含量在 9% 与 5% 时熔融指数值几乎相等。

3.3.5 TBM 差示扫描量热法分析

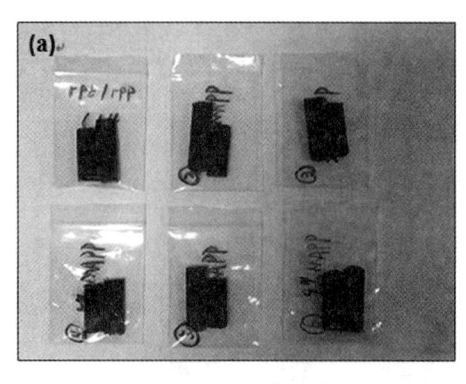

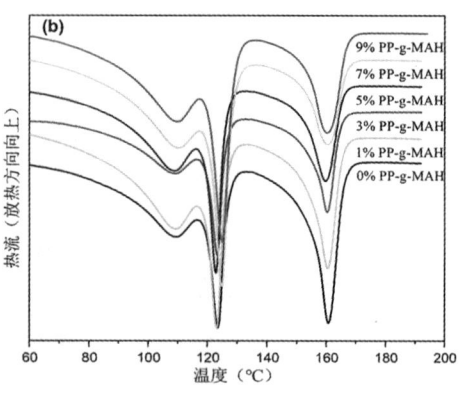

图 3-6 不同 PP-g-MAH 含量的 TBM 样品(a)及 DSC 熔融曲线(b)

图 3-6(a)为不同 PP-g-MAH 含量 TBM 差示扫描量热法测试用试件条，具体测试时分别截取合适的量用来表征。图 3-6(b)为不同 PP-g-MAH 含量 TBM 的 DSC 熔融曲线，其中 120℃ 和 160℃ 附近的峰分别对应 RPE 和 RPP 的熔融峰，110℃ 附近的肩峰则可能是 RPE 晶区边缘部分的松弛峰。从图 3-6(b)可以看出 PP-g-MAH 的加入对 RPE 和 RPP 结晶均有影响，因为随着 PP-g-MAH 量的增加，RPE 和 RPP 的熔融峰均向低温方向移动，表明结晶不够完善，熔点降低。随着 PP-g-MAH 量的增加，RPP 的熔融峰面积逐步减小，且逐步变缓，表明 RPP 的结晶度逐步降低，结晶完善程度降低，这可能是因为 PP-g-MAH 与 RPP 中的-OH 反应，分子链规整度下降，影响了 RPP 的结晶度和结晶完善程度。在 PP-g-MAH 的添加量为 7% 时，RPP 的熔融峰面积降到最低，表明此时 PP-g-MAH 与 RPP 中-OH 的反应达到饱和，结晶度最低，样品的韧性最好。随着 PP-g-MAH 的添加量继续增加，RPP 的熔融峰面积增大，但更为平缓，这可能是因为未反应的 PP-g-MAH 可起到成核剂的作用，反而促进了 RPP 的结晶，也可能是因为 PP-g-MAH 与 RPP 的物理相容性更好，所以 RPP 分子链的规整性更容易受到影响，结晶完善程度更低，熔融峰较宽。图 3-6(b)中得到的结果与共混物的力学性能及微观形貌结果相呼应。

而 PP-g-MAH 对 RPE 的结晶度影响不大或规律性不明显，这可能是因为 RPE 与 RPP 的含量比值为 3:2(6:4=3:2)，样品成型后，RPP 是作为"海岛结构"中的"岛"存在的，而 RPE 则作为连续相"海"存在，且样品在制备过程中，RPE 和 PP-g-MAH 优先混合，两者之间先发生反应，所以连续相 RPE 受到 RPP 的影响并不大，结晶度变化不明显。而 RPP 加入后，以"岛"的形式存在，结晶受到的影响较大。另从表 3-4 可知，共混物中

ΔT_m 在一定程度上可以反映出共混物不同组成部分的相容性,即 ΔT_m 差值越小,共混物的相容性越好[184]。

表3-4 不同 PP-g-MAH 含量 TBM 的熔融温度

$T_m(℃)$	PP-g-MAH 含量					
	0%	1%	3%	5%	7%	9%
T_{m1}(RPE,℃)	123.44	123.29	123.45	122.87	124.92	124.63
T_{m2}(RPP,℃)	160.95	160.67	160.38	159.77	160.38	160.77
ΔT_m(℃)	37.51	37.38	36.93	36.90	35.46	36.14

3.3.6 TBM 微观形貌分析

对于 TBM 共混体系而言,微观形貌和界面性能是影响材料性能的重要因素,通过扫描电子显微镜表征分析,从而了解共混物中各组分之间的相容性状况,是一种比较直观的材料分析手段[185]。下图3-7为不同含量 PP-g-MAH 的 TBM 脆断面微观形貌测试样品,图3-8为对应的微观形貌测试图。从图3-8(a)可以看出,RPE/RPP(3000/2000,0%含量 PP-g-MAH)共混物中形成典型的连续相与分散相共存的"海岛"结构,RPP 以不规则层块状分散在 RPE 中,块状分布较宽,两相之间界面很清晰,说明两相之间黏结力差,表现出明显的不相容特性。而对于图3-8(b)

图3-7 不同 PP-g-MAH 含量 TBM 脆断面的微观形貌样品

是在1%含量 PP-g-MAH 下所制得的 TBM,尽管添加量较小,但明显看到 RPP 在连续相 RPE 中界面明显模糊,说明 RPE/RPP 在 PP-g-MAH 增容作用下相容性有了一定程度的改善。从图3-8(c)~图3-8(e)(3%~7%含量 PP-g-MAH)随着其含量逐渐增大,TBM 中分散相 RPP 的分布更加均匀,尺寸越来越小,界面已经变得很模糊,在7%时表现更加显著,这进一步说明通过添加 PP-g-MAH 进行物理、化学共同作用,使得 TBM 共混物相容性得到明显改善。然而从图3-8(f)看出 TBM 共混物中又出现类似于图3-8(c)的分散现象,这是由于当 PP-g-MAH 含量在9%时,TBM 共混物界面已趋于饱和,"过多"的 PP-g-MAH 与 TBM 再次形成两相混合体系,对混合物微观形貌产生不利影响,PP-g-MAH 含量对脆断面变化规律与图3-4(b)~图3-4(d)冲击断面变化规律相一致,进一步验证了 PP-g-MAH 含量对力学性能影响规律。

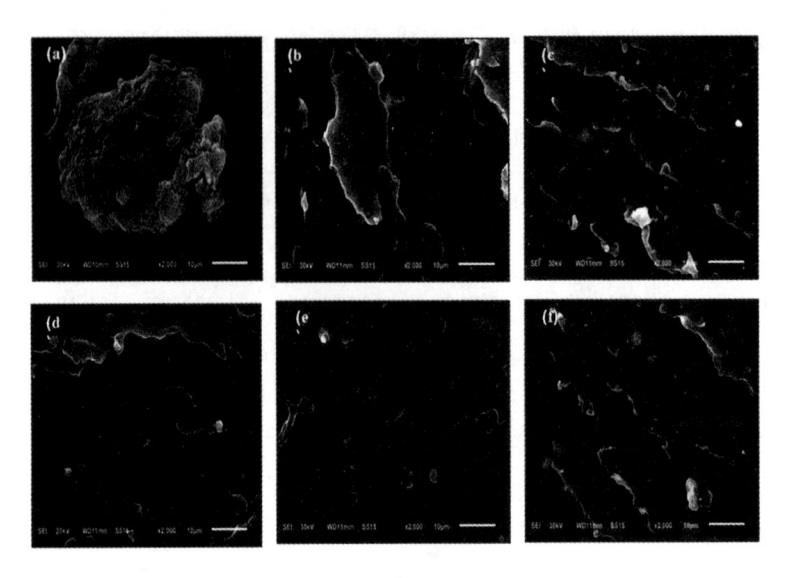

图 3-8 不同 PP-g-MAH 含量 TBM 脆断面的微观形貌 [（a）：0%；（b）：1%；（c）：3%；（d）：5%；（e）：7%；（f）：9%]

3.3.7 TBM 热稳定性分析

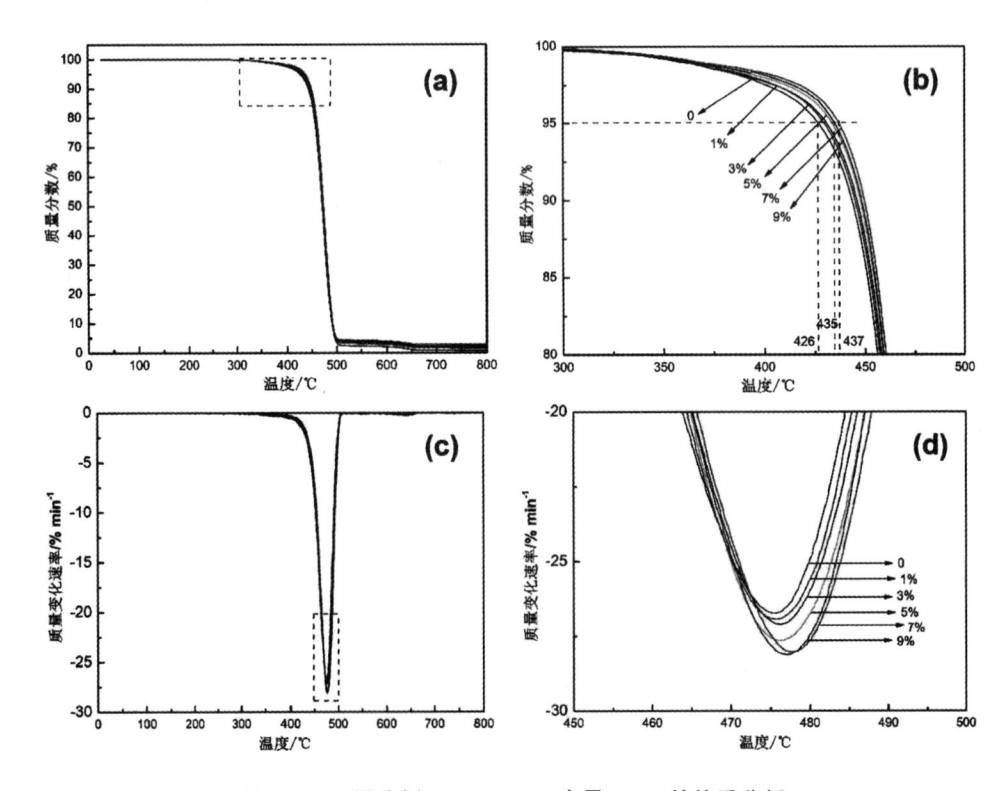

图 3-9 不同比例 PP-g-MAH 含量 TBM 的热重分析

图 3-9 为不同 PP-g-MAH 含量(0%、1%、3%、5%、7%、9%)对 TBM(RPE：RPP = 3：2 质量比)的热重分析图。其中,图 3-9(a)和 3-9(c)分别为不同 PP-g-MAH 含量 TBM 的 TGA 图和 DTG 图,由于图中 $T_{5\%}$ 和 T_{max} 的变化不是非常明显,因此对图中 $T_{5\%}$ 和 T_{max} 的附近区域(虚线框中的图形)进行了放大处理。由图可以看出,当 TBM 中不含 PP-g-MAH 时,$T_{5\%}$ 为 426℃,与第二章图 2-11 中 RPE/RPP 为 5：5 的共混物相比,热稳定有略微提高,印证了第二章中热稳定性规律的猜想。随着 PP-g-MAH 的加入及含量的增大,TBM 的 $T_{5\%}$ 和 T_{max} 值均有升高,但升高的幅度不大,表明 RPE 和 RPP 中老化生成的羟基与 PP-g-MAH 发生了酯化反应,但由于老化后生成羟基的含量较低,所以热稳定性提高的幅度不明显,且当 PP-g-MAH 含量为 7%,TBM 的热稳定性最高,PP-g-MAH 含量继续增加时,TBM 的热稳定性反而降低,这可能是因为 PP-g-MAH 过量,与 RPE 和 RPP 中羟基反应达到了饱和,所以过高的极性影响了共混物的相容性,造成了热稳定性的降低。

3.4　本章小结

本章通过采取分区加料、熔融造粒技术,将 RPE、RPP(质量比 6：4)总质量为 0%、1%、3%、5%、7%、9%的 PP-g-MAH 分别加入 RPE/RPP 中,制得六组 TBM 复合材料,并经宏微观测试、表征及机理分析,得到性能最佳配方比例,主要结论如下:

(1)FTIR 分析结果表明,RPE、RPP 在老化过程中产生活性基团-OH 与 PP-g-MAH 中 MAH 发生酯化反应,且在 7%含量时反应已经完成。并对此进行机理分析,不同 PP-g-MAH 含量对 TBM 性能变化的原因在于-OH(来于 RPE、RPP)与 MAH 基团发生酯化反应以及物理缠结等作用改善了 RPE、RPP、PP-g-MAH 三者界面之间的相容性而引起。

(2)力学性能与 MFI 分析结果表明,当 PP-g-MAH 含量在 0%~7%时,随着其含量的增加,TBM 的拉伸强度、缺口冲击强度和断裂伸长率增加,当其含量在 7%~9%时,前述三项指标随着其增加而降低。而 MFI 值则与力学性能变化相反,且在实验范围内,7%含量存在最小值。

(3)为了进一步验证不同 PP-g-MAH 含量对 TBM 力学性能及流变性(熔融指数)等变化规律影响,进行了 DSC、SEM(冲击断面、脆断面)相关测试,对其分析结果表明,PP-g-MAH 含量在 0%~7%时,随着其含量增加,差值 ΔT_m 不断减小,在 7%达到最小值,此后 ΔT_m 开始增加,这在一定程度上反映了 PP-g-MAH 含量对 TBM 相容性的影响,并对其进行机理分析。冲击断面及脆断面微观形貌分析进一步验证了合理含量的 PP-g-MAH 改善了 TBM 相容性,从宏观角度对力学性能变化产生影响。

(4)热重分析结果表明,PP-g-MAH 改善了 TBM 相容性,且当 PP-g-MAH 含量≤7%时,TBM 的热稳定性随 PP-g-MAH 含量的增加而增大,过量的 PP-g-MAH 提供过高的极性,反而影响共混物的相容性,导致热稳定性下降。

第4章　PP-g-MAH 对 TBM 改性沥青性能影响及机理研究

4.1　引言

虽然对单一 RPE 或 RPP 改性沥青相关研究较多，但对 RPE 和 RPP 共混复合改性报道却很少。文献中已报道的许多关于废弃聚合物复合改性沥青，大多数是由弹性体和塑料组成的，如 RPE+GTR(废橡胶粉)[91,186]，RPP+GTR[186]，REVA(回收乙酸乙酯)+RPE[187]等。这可能是因为废弃塑料是多种聚合物(尤其是 RPE 和 RPP)的混合物，成分比较复杂，它们对沥青和沥青混合料的影响难以分析、表征。大量研究表明，通常很难使用单一的原材料制备改性剂来改善改性沥青的性能[141,188,189]。至少从所制备改性剂性能及对废弃塑料处理量角度分析，研究用 RPE 和 RPP 制备共混改性剂具有重要意义[190]。

为了进一步提升 RPE、RPP 共混改性效果，增强共混体系均一性，本章采用分区加料的双螺杆挤出技术制备 RPE/RPP/PP-g-MAH(TBM)三元共混改性剂。在高温剪切、混炼作用下，顺丁烯二酸酐开环与 RPE、RPP 中的-OH 发生化学反应生成酯类化合物，同时，聚合物链中相似高分子链(如 RPP 与 PP-g-MAH 中的 PP 分子链)的物理缠结作用增加，使得所制备的 TBM 具有较为稳定的网络结构，材料之间界面作用增强。本章研究了不同 PP-g-MAH 含量对 TBM 改性沥青性能的影响，该研究为 TBM 的工业化生产及 TBM 改性沥青实体工程应用提供了理论依据，相关内容详见后续第7章、第8章。

4.2 实验部分

4.2.1 实验原材料

实验用原材料 RPE、RPP 相关信息见 2.2.1 内容；PP-g-MAH 信息及相关技术指标见 3.2.1 内容；基质沥青由山东雨润道路材料有限公司提供，其物理性能和化学成分测试结果见表 4-1。

表 4-1 基质沥青的物理性能与化学成分

性能	测试值	测试依据[191]
物理性能		
延度(25℃, cm)	>100	T0605-2011
软化点(R&B,℃)	54	T0606-2011
针入度(25℃, 0.1mm)	89	T0604-2011
闪点(℃)	243	T0611-2011
化学成分		
胶质(%)	23.64	
饱和分(%)	10.84	T0618--1993
沥青质(%)	13.15	
芳香分(%)	52.37	

4.2.2 主要仪器、设备

除表 2-2、3-2 制备及分析 TBM 等材料所用的仪器、设备外，本章实验所用主要仪器设备(除自制设备)及其型号、生产厂家见表 4-2。

第4章 PP-g-MAH 对 TBM 改性沥青性能影响及机理研究

表 4-2 主要仪器设备

仪器名称	型号	生产厂家
鼓风干燥箱	DHG-9623A	上海精宏实验设备有限公司
电子天平	BSA423S-CW	赛多利斯科学仪器有限公司
高剪切分散仪	FM-300	上海弗鲁克流体机械制造有限公司
软化点测定仪	SLR-D	江苏沭阳新辰公路仪器有限公司
电脑沥青针入度仪	SZR-5	北京航天科宇测试仪器有限公司
调温调速沥青延伸度仪	LYY-7A	北京航天科宇测试仪器有限公司
旋转黏度计	NDJ-5S	上海昌吉地质仪器有限公司
傅里叶红外光谱仪	8400S	日本岛津公司
流变仪	DHR-1	美国 TA 仪器公司
弯曲梁流变仪	TE-BBR	上海劳瑞仪器设备有限公司

4.2.3 TBM 改性沥青样品制备方法

(1) TBM 样品制备方法

TBM 制备相关信息见 3.2.3。

(2) TBM 改性沥青样品制备方法

将基质沥青(6 个样品，每个样品 500g)加热到 170℃，然后在沥青中分别匀速加入 6 种不同的 TBM 样品 20g(即 4%沥青质量)，并以 1000~1500rpm 的低速剪切分散 0.5h。然后加热至 180℃，再以 3500~4000rpm 高速剪切 1.5h，制得 TBM 改性沥青样品，待后续相关测试。

4.2.4 TBM 改性沥青性能测试与结构表征

TBM 改性沥青相关测试严格按照 JTG E20-2011《公路工程沥青及沥青混合物标准试验

方法》[191]进行,尽可能避免改性沥青样品反复加热,的确必须要再次加热,建议在搅拌状态下加热温度至170~180℃,保持1min即可。详细性能测试与结构表征方法如下:

(1) 常规指标测试

针入度(25℃):反映了TBM改性沥青在一定温度条件下软硬程度、稠度和抗剪切破坏的能力。其测试方法是在25℃和5s时间内,测得附加100克的标准针垂直贯入TBM改性沥青试样的深度,以0.01mm计,精确至0.5(0.1mm)。各测试点之间以及测试点与盛样皿内边缘的距离应控制在10mm以上,且同一试样平行试验不少于3次。

软化点:反映了TBM改性沥青的高温稳定性。软化点越高,表明TBM改性沥青耐高温变形能力越好。该指标采用环球法测试,在规定尺寸的TBM改性沥青试样圆环内,放置规定尺寸和质量的钢球,根据测试样软化点范围,置于甘油或水介质中,以每分钟上升5℃±0.5℃加热,此时试样软化下沉,当与下层底板触碰时,迅速读取此刻温度值并精确至0.5℃。同一试样进行两次平行测试,当两次测定值的差值符合重复性试验精度要求时,取两次值的平均值作为软化点试验结果。

延度:是表示TBM改性沥青塑性的指标,通常用来衡量其低温延展性能,测试温度为25℃。该测试方法采用将制作好的TBM改性沥青试样置于上述已设定好温度的恒温水浴的延度仪中,并以恒定设定速度拉伸至试样断开时的长度作为延度值,其单位以cm计。

旋转黏度:即TBM改性沥青的动力黏度,用来表征TBM改性沥青材料内摩擦力,通常在60℃温度条件下用旋转黏度计进行测试。它是反映TBM改性沥青在温度较高环境下耐热性能最理想的指标,动力黏度可以真实地反映TBM改性沥青路面的实际使用情况,与车辙的相关性非常好。黏度较大的TBM改性沥青在车辆荷载作用下产生较小的剪切变形,弹性恢复性能好,残留的永久塑性变形小,即路面抵抗车辙的能力就强。

高温储存稳定性:高温存储稳定性评价采取软化点差法,根据JTG E20-2011《公路工程沥青及沥青混合料试验规程》中《聚合物改性沥青离析试验》(T0661-2011)方法测定[191],将不同含量PE-g-MAH的TBM改性沥青用标准牙膏管密封并垂直存储在163℃烘箱内48h,然后冷却将牙膏管三等分剪切,仅留两端部分进行后续软化点测定。根据上部和底部TBM改性沥青软化点差值评价其高温存储稳定性。为了进一步验证TBM改性沥青高温存储稳定性,特选择代表性的0%、7%、9%含量的上述软化点差值法测试后的6个样品喷金处理,在扫描电子显微镜下观察其微观形貌,加速电压为10KV,放大倍数为5000×。

(2) 流变性能表征

上述TBM改性沥青常规指标测试是在静态荷载的方法测定的,然而实际作用在路面上的荷载并非静止荷载,而是在连续力作用下的动力荷载。采用动态剪切流变仪(DSR)就

是研究 TBM 改性沥青的动态流变性能。本实验通过温度扫描测试，分析不同含量 PP-g-MAH 对 TBM 改性沥青流变性能的影响。测试过程选取直径为 25.0mm、间隙为 1.0mm 的震荡板（TBM 改性沥青膜厚度为 1.0mm）。温度扫描测试条件：频率恒定为 10rad/s，温度从 40℃加热升至 90℃，测试温度间隔 10℃。通过测试获得复合剪切模量（$|G*|$）和相位角（δ）来表征 TBM 改性沥青的粘弹性质等相关技术指标[192]。其中复合剪切模量（$|G*|$）是 TBM 改性沥青在受到重复剪切变形时的总阻力度量值，包括实数部分的弹性部分 G'（储能模量、可恢复）和粘性部分 G''（损耗模量、不可逆）两部分组成。相位角（δ）是 TBM 改性沥青对正弦应力与正弦应变影响不同步而产生的滞后值，同时也是 G'与 G''比例指标。因此，对于完全弹性材料，在荷载作用下，应力与应变同步相应，相位角 $\delta=0°$；对于牛顿流体而言，在荷载作用下，应变滞后于应力，即 $\delta \approx 90°$。本章用抗疲劳因子（$|G*|\sin\delta$）、车辙因子（$|G*|/\sin\delta$）及弹性模量（$|G*|\cos\delta$）来进一步评价不同 PP-g-MAH 含量对 TBM 改性沥青的抗疲劳性能、弹性性能和抗车辙性能的影响。

(3) 傅里叶红外光谱测试

为确定基质沥青和不同含量 PP-g-MAH 的 TBM 之间可能发生的化学反应，进行了傅里叶红外光谱测试，扫描范围为 665~3000cm^{-1}，分辨率为 4cm^{-1}，扫描 32 次。

(4) 低温性能测试

采用弯曲梁流变仪（BBR）评价不同含量 PP-g-MAH 对 TBM 改性沥青低温性能的影响。通过 BBR 测试得到-18℃（精度 0.5℃）条件下的蠕变劲度（S）和蠕变速率（m-value），S 表征 TBM 改性沥青的恒载永久抗变形能力，m-value 表征 TBM 改性沥青的劲度变化率、劲度敏感性和应力松弛能力。S 值越高，改性沥青越脆，低温性能越差。蠕变速率越高，m 值越大，低温抗裂性能越好[193]。

(5) 差示扫描量热仪分析

取 6~10mg 的不同 PP-g-MAH 含量 TBM 改性沥青样品置于坩埚中，放入差示扫描量热仪中进行测试，热焓和温度用金属铟（In）进行标定，N$_2$流量为 20mL/min。先将样品从室温加热到 180℃，恒温 3min 以消除样品热历史，然后从 180℃降温至-20℃，恒温 3min，记录样品的降温结晶曲线，再从-20℃加热至 180℃，记录样品的升温熔融曲线，样品的升温和降温速率均为 10℃/min[77]。

4.3 结果与讨论

4.3.1 TBM改性沥青常规指标分析

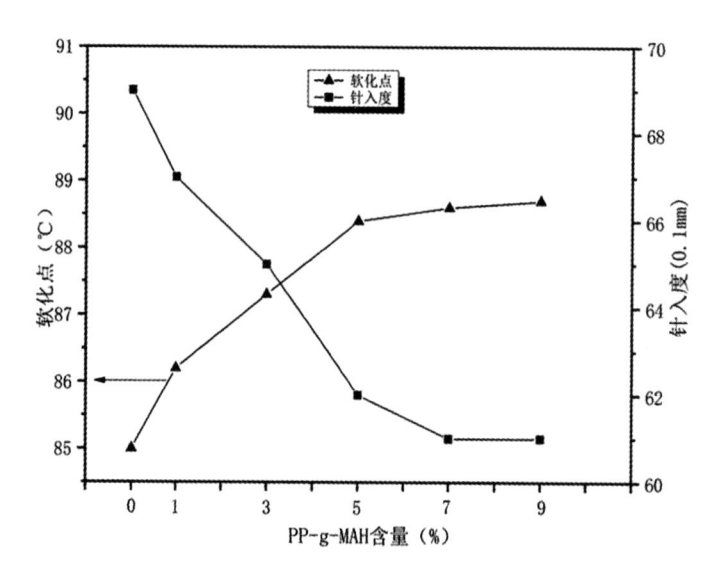

图4-1 PP-g-MAH含量对TBM改性沥青软化点与针入度的影响

图4-1为不同含量PP-g-MAH的TBM改性沥青的软化点与针入度变化情况曲线图（TBM含量为基质沥青质量的4%），六组TBM改性沥青的软化点测试结果均大于基质沥青软化点（见表4-1），增加57.4%~64.3%。在0%~7%之间时，随着PP-g-MAH含量的增加，软化点逐渐增大，0%时为85.0℃，7%时为88.6℃，增加4.2%。当PP-g-MAH含量超过7%时，软化点的增加速率放缓，仅增加0.1%。可能的原因是PP-g-MAH中酸酐基团与RPE和RPP的羟基官能团在7%的含量下完成了化学反应，形成了相对完整的聚合物网络结构。另一种可能的原因在于随着PP-g-MAH含量的增加TBM的网络结构逐渐完善，更有利于沥青内部轻组分与TBM形成有效的相互作用，而当PP-g-MAH相对过剩时，沥青中的轻组分不能很好与TBM形成有效融合，因而TBM改性沥青软化点、针入度提升速率减缓[194]。添加PP-g-MAH后，TBM改性沥青的针入度降低，与基质沥青（见表4-1）相比，在7%、9%含量PP-g-MAH时，其针入度值均为61mm，降低31.4%，而在0%含量PP-g-MAH时，仅降低22.5%。这说明RPE、RPP对基质沥青的高温性能改善明显，同时PP-g-MAH对TBM改性沥青的高温性能有积极的影响，实验观察结果与废弃塑料改性沥青对针入度影响趋势基本一致[195]。

图 4-2 为 PP-g-MAH 含量对 TBM 改性沥青 25℃延度的影响。在 0%～7%范围内，随着 PP-g-MAH 含量的增加，TBM 改性沥青的延度逐渐降低，其延度值从 37cm 降低至 27cm，降低 27.0%，这说明 PP-g-MAH 的增加对提高 TBM 改性沥青的低温性能有不利影响。而当 PP-g-MAH 含量在 7%以上（7%～9%）时，改性沥青的延度略有提高，最终在 9%含量时达到 30cm。可能的原因在于当 PP-g-MAH 含量增加到 7%时，羟基（来自 RPP、RPE 和沥青）与马来酸酐（来自 PP-g-MAH）之间的化学反应已经完成，由于 PP-g-MAH 的熔点相对较低，仅为 130℃（见表 3-1），剩余的 PP-g-MAH 有利于增强 TBM 改性沥青的低温柔韧性，这对于提高 TBM 改性沥青的低温性能具有重要意义。

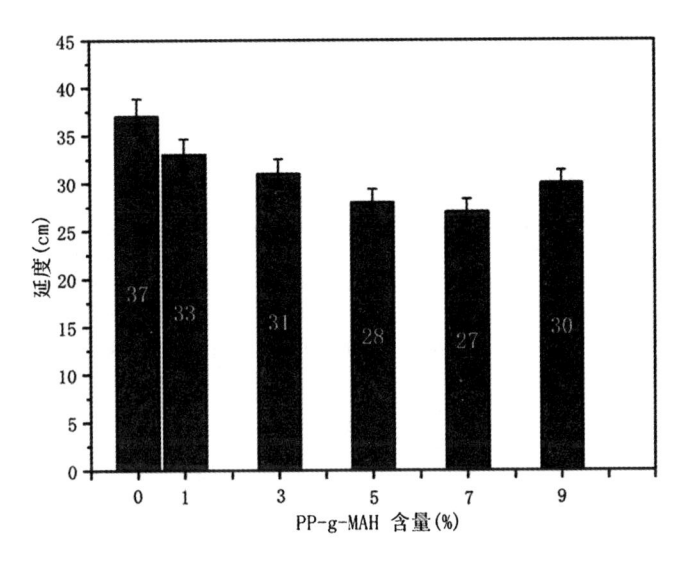

图 4-2 PP-g-MAH 含量对改性沥青延度的影响

4.3.2 TBM 改性沥青黏度分析

PP-g-MAH 含量对 TBM 改性沥青黏度的影响如图 4-3 所示。根据黏度曲线的斜率变化，将其划分为三个区域。在 Ⅰ 区域，随着 PP-g-MAH 含量从 0%增加到 3%，沥青的黏度略有增加。在 Ⅱ 区域（PP-g-MAH 的含量为 3%～7%），为三个区域中曲线斜率最大。在 Ⅲ 区域斜率基本保持恒定值（PP-g-MAH 的含量为 7%～9%）。可能的原因解释如下：在域 Ⅰ 区域时，随着 PP-g-MAH 含量的增加，PP-g-MAH 中马来酸酐基团与来自 RPE 的-OH 的化学反应在小剂量（3%）下逐渐完成。在第 Ⅱ 区域，根据相似相容理论，随着 PP-g-MAH 用量的增加，PP-g-MAH 中含有对 RPP 有良好亲和力的 PP 分子链，MAH 基团与 RPP 中的-OH 相互反应，出现更多的交联（化学相互作用）和相互缠结（物理相互作用），使得更多的 TBM 分子链网络结构形成，促进改性沥青内部产生较为复杂的微观结构，增强了改性沥青分子间的相互作用，使得其黏度增加最为明显[196]，与其他区域相比，在第

Ⅱ区域表现最为明。在第Ⅲ区域，即 PP-g-MAH 的含量为 7%~9%下，可能由于所有的物理化学作用均已基本完成，对改性沥青的黏度影响几乎保持不变。综上分析表明，PP-g-MAH 含量对 TBM 改性沥青的泵送、分散、混合和施工工艺性有显著影响。

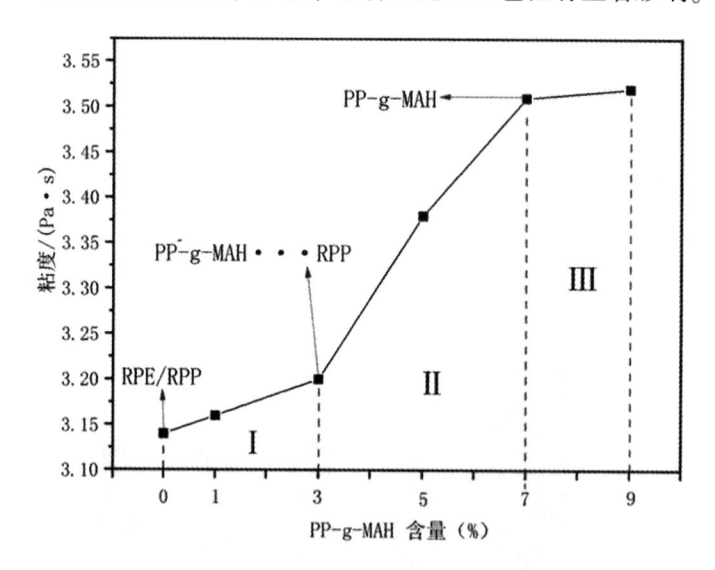

图 4-3　PP-g-MAH 含量对 TBM 改性沥青黏度的影响

4.3.3　TBM 改性沥青高温储存稳定性分析

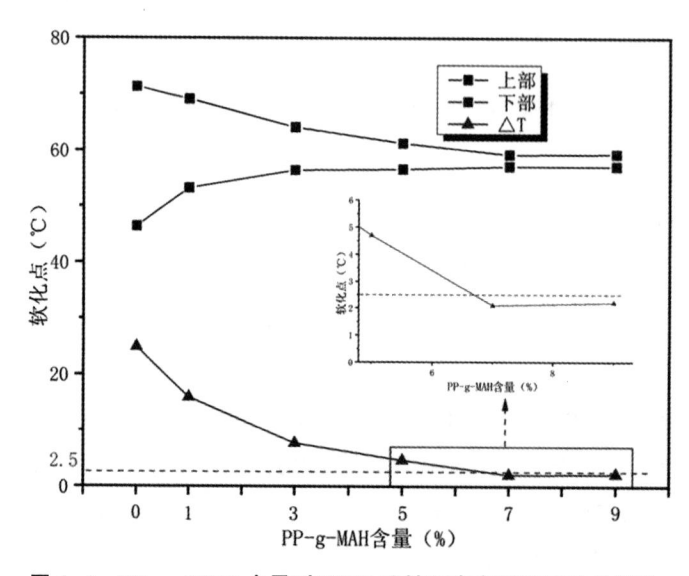

图 4-4　PP-g-MAH 含量对 TBM 改性沥青存储稳定性的影响

通过测定 TBM 改性沥青试样上下两部分软化点的差异（ΔT）评价 PP-g-MAH 含量对 TBM 改性沥青高温贮存稳定性的影响。从图 4-4 可以明显看出，TBM 改性沥青的 ΔT 随

PP-g-MAH 含量的增加而降低。原因可能是 PP-g-MAH 中马来酸酐基团与 RPE、RPP 以及沥青中的羟基基团发生化学反应,反应机理如本章 4.3.6 中图 4-12 所示。当 PP-g-MAH 含量从 6%增加到 9%时,ΔT 基本保持不变,说明 TBM 与沥青在混合过程中没有发生较为明显的相分离。从图 4-4 看出当 PP-g-MAH 用量增加到 6.7%时,ΔT 为 2.5℃,TBM 改性沥青的储存稳定性完全满足标准要求,因此可以得出,PP-g-MAH 含量对 TBM 改性沥青贮存稳定性有着积极的影响,合理的 PP-g-MAH 含量对提高 TBM 改性沥青高温贮存稳定性和达到施工预期性能至关重要。为了进一步验证 PP-g-MAH 含量对 TBM 改性沥青高温存储稳定性影响,选取代表性 PP-g-MAH 含量 0%、7%、9%进行了上下两部分微观形貌表征,测试结果如图 4-5 所示,结论与软化点差值法相一致。

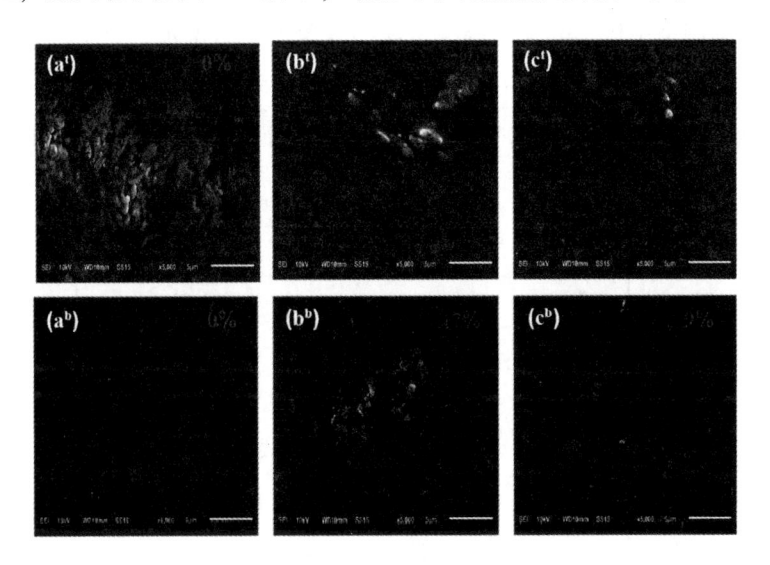

图 4-5 不同 PP-g-MAH 含量 TBM 改性沥青上部和底部微观形貌(上部:a^t~c^t;下部:a^b~c^b)

4.3.4 TBM 改性沥青流变性分析

4.3.4.1 TBM 改性沥青复合剪切模量分析

|G*|是循环剪切变形作用下 TBM 改性沥青的复合剪切模量,图 4-6 表示 PP-g-MAH 含量为 0%、1%、3%、5%、7%、9%时,在 40~90℃温度范围下,以 10rad/s 的恒定频率扫描测定的 TBM 改性沥青复合剪切模量随温度与 PP-g-MAH 含量的变化曲线。由图 4-6 可知,在相同的温度条件下,|G*|随着 PP-g-MAH 含量的增加而呈现逐渐增大趋势变化。与 0%含量相比,在 40℃、50℃、60℃、70℃、80℃、90℃测试温度点增加分

别为 90.1%、119.8%、140.0%、195.8%、230.6%、177.0%，说明在相对较低温度区域（40~60℃），PP-g-MAH 含量对 TBM 改性沥青的复合剪切模量影响较弱，在高温区域（≥70℃后）影响明显增强，说明 PP-g-MAH 对提高 TBM 改性沥青高温抗车辙性能有较好的效果。在相同的 PP-g-MAH 含量下，$|G^*|$ 随着测试温度的升高而呈现下降趋势变化，与 40℃相比，在 PP-g-MAH 含量为 0%、1%、3%、5%、7%、9%时，对应下降比例分别为 62.8%、61.6%、57.4%、57.1%、49.4%、45.8%，相比较而言，PP-g-MAH 含量在 0%~5%下降较为明显，然后在 7%~9%的范围内下降放缓，且随着 PP-g-MAH 含量增加下降比例降低，进一步说明 PP-g-MAH 含量对 TBM 改性沥青高温性能的影响。产生上述现象可能的原因在于 PP-g-MAH 和-OH 官能团（来自 RPE、RPP 及沥青）之间的反应，产生了更复杂的聚合物网络结构，分子链缠绕可能出现范德华力增加，当 PP-g-MAH 含量不小于 7%时，聚合物与共混体系中的-OH 化学反应基本完成，所形成的高分子链网络结构基本稳定，因此 PP-g-MAM 含量为 9%的 TBM 改性沥青的 $|G^*|$ 与 PP-g-MAH 用量为 7%时相比，$|G^*|$ 仅略有增加。

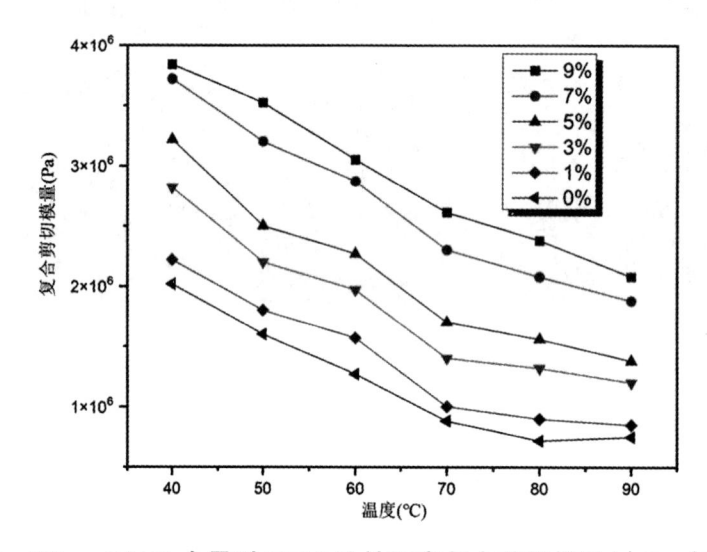

图 4-6 PP-g-MAH 含量对 TBM 改性沥青复合剪切模量（$|G^*|$）的影响

4.3.4.2 TBM 改性沥青相位角分析

图 4-7 显示了不同 PP-g-MAH 含量下温度与 δ 的测试结果。从图可知，在同一测试温度条件下，随着 PP-g-MAH 含量的增加，δ 逐渐减小。与 0%含量相比，在 40℃、50℃、60℃、70℃、80℃、90℃测试温度点减小分别为 15.4%、9.8%、6.9%、4.7%、3.2%、2.8%，且在低温区 δ 减小幅度更加明显，在 40℃时为 δ 最大减小值 12.60°，减小

15.4%,而在90℃时δ减小值为2.51°,仅减小2.8%,这说明随着PP-g-MAH含量的增加,TBM改性沥青的弹性行为更加明显,高温性能更加显著。在相同PP-g-MAH含量下,δ随着温度的升高而逐渐增大。与40℃相比,在PP-g-MAH含量为0%、1%、3%、5%、7%、9%时,对应增加比例分别为7.9%、10.2%、11.8%、17.0%、18.9%、23.9%,且在高温区δ增加比例更加显著,在9%含量时δ增加值为16.55°,增加23.9%,而在0%含量时δ增加6.46°,仅增加7.9%。这说明随着温度的升高,TBM改性沥青的的黏性行为更加明显。图4-7分析表明:尽管PP-g-MAH含量与测试温度均对TBM改性沥青的δ产生影响,且在低温区域PP-g-MAH含量对δ影响占主导作用,在温度较高区域则影响相对温度较弱,但PP-g-MAH含量的增加明显改降低了TBM改性沥青的δ值,改善了沥青的高温性能。PP-g-MAH与RPE、RPP、沥青发生化学反应,沥青轻组分被TBM分子链吸收,出现更复杂的TBM结构,这是产生上述变化很重要的原因[197]。

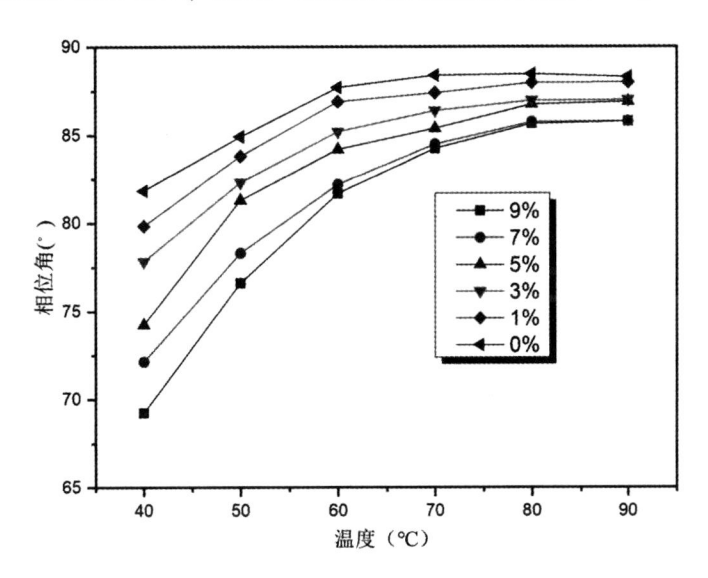

图4-7 PP-g-MAH含量对TBM改性沥青相位角(δ)的影响

4.3.4.3 TBM改性沥青抗疲劳性能分析

TBM改性沥青的抗疲劳性能是通过疲劳参数或抗疲劳因子($|G*|\sin\delta$)来评价,该参数是TBM改性沥青在循环荷载作用下的能量损失部分,即粘性模量,其值越大表明在荷载作用下能量损失越快,抗疲劳性能越低[198]。由图4-8可知,对于基质沥青及TBM改性沥青而言,在同一PP-g-MAH含量下,随着实验温度的升高,TBM改性沥青的$|G*|\sin\delta$逐渐减小,说明温度升高改性沥青的抗疲劳性能增加,这一点与基质沥青材料的抗疲劳性能相吻合。在实验温度范围内,$|G*|\sin\delta$下降幅度最大的是基质沥青,如在

40℃时，|G*|sinδ = 1333Pa；在90℃时，|G*|sinδ = 268Pa，降低79.9%。而对于TBM改性沥青而言，下降最小值在PP-g-MAH含量为7%时，在40℃时，|G*|sinδ = 2054Pa；在90℃时，|G*|sinδ =599Pa，降低70.8%，这说明尽管温度对于基质沥青及TBM改性沥青抗疲劳性能影响显著，但对于7%含量TBM改性沥青则温度对其敏感性降低。另外，对于PP-g-MAH含量在0%~7%且逐渐增大时，|G*|sinδ值逐渐增大，其原因可能是PP-g-MAH与RPE、RPP的羟基发生化学反应，分子链之间形成物理交联结构，从而形成新的网络结构，使改性沥青比未改性沥青更硬，抗疲劳性能降低。PP-g-MAH用量从7%增加到9%时，其|G*|sinδ值的变化小于7%，因为PP-g-MAH中活性基团MAH与RPE、RPP、沥青中的羟基反应已经完成，网络结构趋于稳定，过量的"PP-g-MAH"可能对于改善疲劳性能有益。总体而言，需从经济性与总体性能方面综合考虑PP-g-MAH的合理含量。

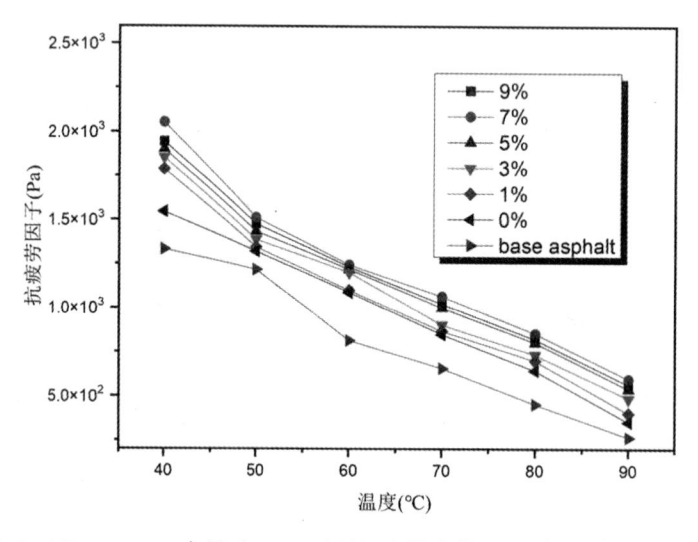

图4-8 PP-g-MAH含量对TBM改性沥青抗疲劳因子(|G*|sinδ)的影响

4.3.4.4 TBM改性沥青抗车辙性能分析

车辙参数或车辙因子(|G*|/sinδ)是用来评价改性沥青抗车辙性能的重要参数，为了减缓车辙产生的病害，所使用的沥青或改性沥青应该具有足够的劲度抵抗环境应力，同时应具有足够的弹性来恢复到最初的状态。PP-g-MAH含量与温度对TBM改性沥青抗车辙因子影响见图4-9所示。由图可知，在相同实验温度条件下，随着PP-g-MAH含量增加，|G*|/sinδ逐渐增加，说明PP-g-MAH对TBM改性沥青高温抗车辙性能有积极影响作用。而在同一PP-g-MAH含量下，随着实验温度的增加，|G*|/sinδ逐渐降低，说明温度也对抗车辙性能产生影响。与0%含量相比，在40℃、50℃、60℃、70℃、80℃、

90℃测试温度点$|G*|/\sin\delta$增加分别为101.3%、125.1%、142.3%、197.2%、231.4%、177.6%，呈现先增加后减小的趋势，这说明随着实验温度的增加，温度对抗车辙因子贡献逐渐增大，因此，合理地使用境温度对改性沥青高温性能尤为重要，事实上，环境使用温度不会超过80℃，因此，PP-g-MAH含量显著改善了TBM改性沥青的高温性能。与40℃相比，在PP-g-MAH含量为0%、1%、3%、5%、7%、9%时，对应$|G*|/\sin\delta$减小比例分别为92.2%、92.4%、89.4%、91.59%、87.9%、88.8%，相比较而言，在高温区$|G*|/\sin\delta$减小比例显著降低，这说进一步明PP-g-MAH对TBM改性沥青的高温性能的影响。可能原因在于TBM高分子链网络结构随着PP-g-MAH含量增加逐渐趋于"完善"，对基质沥青中轻组分的吸收与分子链网络束缚了基质沥青分子运动，引起TBM改性沥青黏度增加，进而改善了改性沥青高温性能。

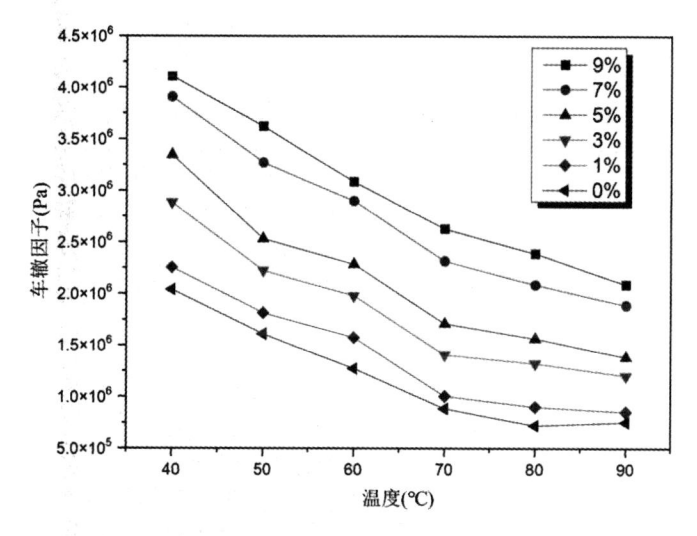

图4-9 PP-g-MAH含量对TBM改性沥青抗车辙因子（$|G*|/\sin\delta$）的影响

4.3.4.5 TBM改性沥青弹性模量分析

弹性模量（$|G*|\cos\delta$）是复合剪切模量的弹性部分，即储能模量，可用来评价改性沥青的弹性特性。图4-10描述了不同PP-g-MAH含量下测试温度对$|G*|\cos\delta$的变化。在相同温度条件下，随着PP-g-MAH含量的增加，$|G*|\cos\delta$值增大，尤其是在较低温度（40~70℃）下变化更明显。但是，在一定的PP-g-MAH含量下，随着温度的升高，$|G*|\cos\delta$值减小，其变化规律与上述$|G*|$值减小，δ值增大（图4-6和图4-7）的数学变化规律相一致。

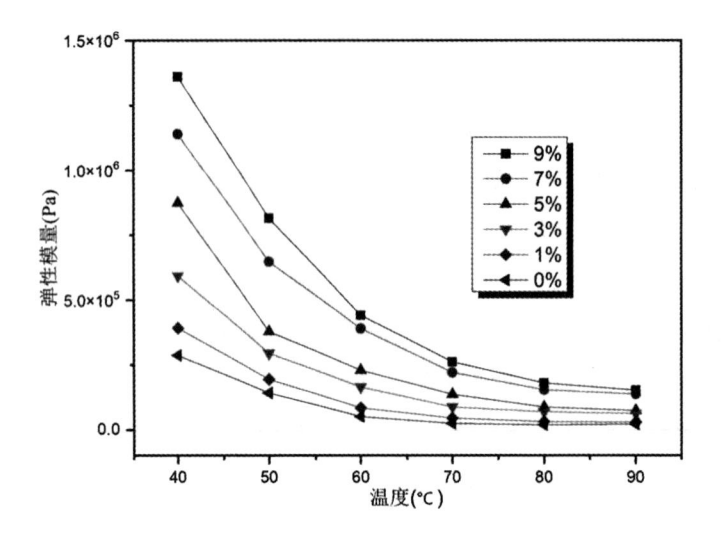

图 4-10 PP-g-MAH 含量对 TBM 改性沥青弹性模量（$|G^*|\cos\delta$）的影响

表 4-3 弹性模量随温度与 PP-g-MAH 含量相对变化比例

温度(℃)	0%的 PP-g-MAH 含量时 $\|G^*\|\cos\delta$（MPa）	9%的 PP-g-MAH 含量时 $\|G^*\|\cos\delta$（MPa）	增加比例(%)
40	0.287	1.360	374.8
50	0.142	0.815	474.1
60	0.051	0.441	764.1
70	0.025	0.262	956.5
80	0.019	0.181	835.6
90	0.022	0.153	585.3

为了更进一步分析弹性模量（$|G^*|\cos\delta$）随温度与 PP-g-MAH 含量变化规律，特对 0%、9%含量下的 $|G^*|\cos\delta$ 增加比例进行分析，详见表 4-3。从表中可以看出在 40～70℃时，随着 PP-g-MAH 含量的增加 $|G^*|\cos\delta$ 增加比例逐渐升高，据此并结合沥青路面实际使用温度，说明 PP-g-MAH 有利于改善 TBM 改性沥青高温性能。但在 70～90℃时则增加比例下降，可能的原因在于在相对较低温度区域时，TBM 所形成的网络结构对改性沥青弹性性能改善明显，但随着温度的升高，温度对 $|G^*|\cos\delta$ 的影响逐渐占主导地位，因而 $|G^*|\cos\delta$ 随着 PP-g-MAH 含量的增加其增加比例反而下降。综合分析图 4-10 及表 4-3 可知，随着温度的升高，TBM 改性沥青的 $|G^*|\cos\delta$ 值下降，可能的原因在于随着温度的升高 TBM 改性沥青中 TBM、沥青高分子链运动加剧，分子链之间的作用力相对减弱，

宏观角度表现为 TBM 改性沥青的劲度下降，即 |G*| 值降低（如图 4-6），进一步使得 |G*|cosδ 降低[199]。

4.3.5 TBM 改性沥青傅里叶红外光谱分析

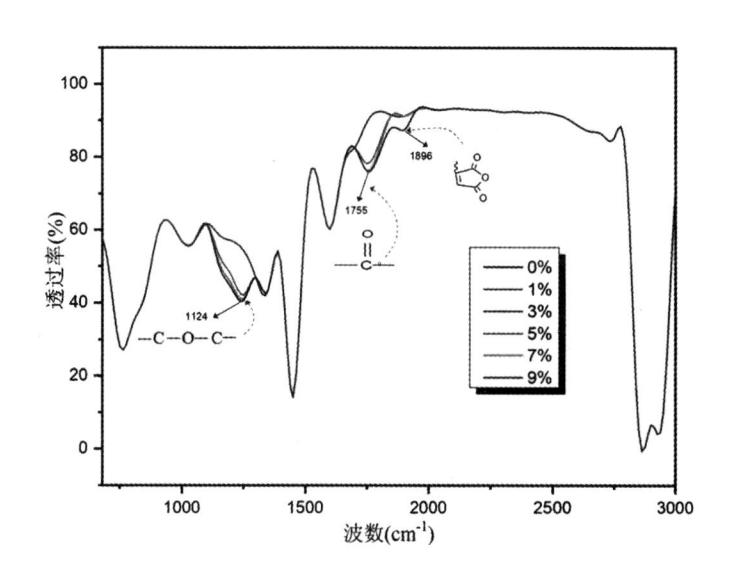

图 4-11 不同 PP-g-MAH 含量 TBM 改性沥青红外光谱图

从图 4-11 红外光谱图分析可知，不同 PP-g-MAH 含量下 TBM 改性沥青在 680～3000cm^{-1} 波数范围内涉及的主要官能团。在添加 0%、1% 和 3% 的 PP-g-MAH 含量时，TBM 改性沥青的红外光谱曲线是相似的，并且没有明显的新特征峰出现，这表明在 PP-g-MAH 含量较低时，只能是 TBM 内部之间的 MAH 与 RPE、RPP 中的-OH 之间的反应（详见 3.3.1~3.3.2 内容），TBM 中的 MAH 与沥青之间没有发生化学反应，然而当 PP-g-MAH 含量从 5% 增加到 7% 时，观察到一些典型的吸收峰位于 1124cm^{-1}（C-O-C 伸缩峰）和 1755cm^{-1}（C=O 伸缩峰），此阶段可能发生了 TBM 与沥青之间的酯化反应（TBM 提供 MAH 基团，沥青提供-OH 基团），具体可能的反应机理如下图 4-12 所示，因为 PP-g-MAH 含有顺丁烯二酸酐基团，化学性质活跃，易在高温下与-OH 发生酯化反应[179]。在 5% 与 7% PP-g-MAH 含量时，峰形状相似，只是特征峰浓度不同，在 9% 含量时，在 1896cm^{-1} 可以看到明显的 MAH 特征峰，可能的原因是 PP-g-MAH 中的 MAH 与 RPE、RPP、沥青中的-OH 反应完全，且 PP-g-MAH 已过量。

4.3.6 TBM 改性沥青作用机理分析

TBM 的制备和与沥青的物理化学作用可能的相互作用机理可由图 4-12 得到。PP-g-MAH 含有共轭的马来基,在分子结构中一个乙烯基与两个羰基相连,因此 PP-g-MAH 具有活性的化学性质,在高温下容易与羟基发生酯化生成新物质[179]。采用双螺杆挤出机制备 TBM,工艺流程如图 3-1 所示。首先,PP-g-MAH 和 RPE 按照表 3-3 中的比例信息从料斗 A 均匀输入,在 170~190℃下进行熔融接枝反应生成酯类化合物(RPE 老化后生成的羟基与酸酐之间,见图 3-3),在双螺杆挤出机剪切、捏合、混炼等作用下,如图 4-12 中的第一个红色矩形所示。同时将 RPP 加入料斗 B 中,在温度和螺杆共混作用的影响下再次发生酯化反应(RPP 老化后生成的羟基与酸酐之间,见图 3-3),同时由于 RPP 与 PP-g-MAH 含有相似的 PP 分子链,在范德华力作用下形成物理缠绕结构,进一步增强了三种原料之间的界面相容性,有利于获得性能相对稳定的 TMB 改性剂,该反应过程的相关产物如第二个红色矩形所示。最后,在制备 TBM 改性沥青的过程中,在 170~190℃进行高速分散、混合、剪切后,形成了含有高分子链的 TMB 改性沥青网络结构,一方面,基质沥青的轻组分被 TBM 吸附,降低了基质沥青与 TBM 之间的界面张力;另一方面 PP-g-MAH 过量的马来酸酐基团与基体沥青(-OH)之间产生酯类化合物,产物结构如第三红色矩形所示。

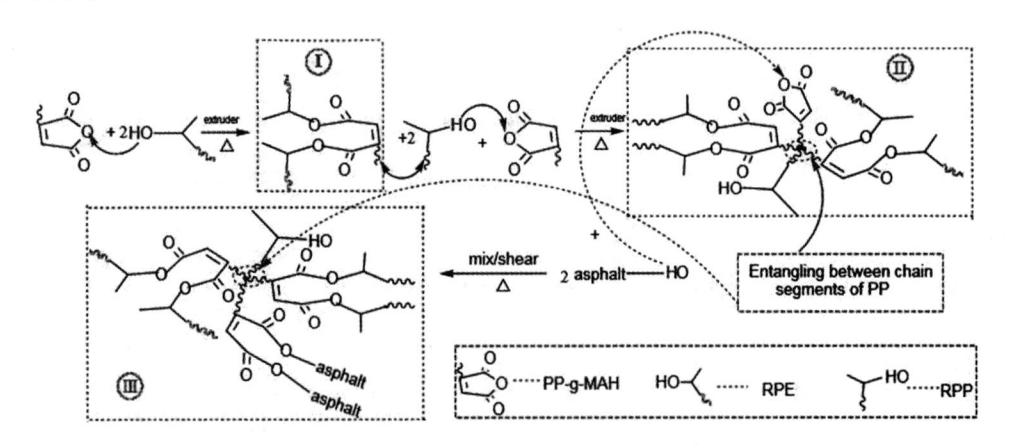

图 4-12 TBM 改性沥青作用机理

4.3.7 TBM 改性沥青 BBR 分析

PP-g-MAH 含量对 TBM 改性沥青低温性能影响采用弯曲梁流变仪测试,测试结果如图 4-13 所示。由图可知,对于劲度模量变化,随着 PP-g-MAH 含量的增加,S 值逐渐增大,在 7% 时出现拐点,达到最大值 260MPa,与 0% 含量相比增加 26.8%,之后在 7%~9% 范围内 S 值略有下降,但降低幅度较小,且在 0%~9% 实验范围内 S 值均小于 300MPa,满足技术指标要求。对于流值变化而言,m-value 在 0%~5% 范围内逐渐减小,最大减小率为 50.9%,但仅在 PP-g-MAH 含量为 5%~7% 时,m-value 不能满足要求(<0.3)。而 PP-g-MAH 含量在 5%~9% 之间时,随着含量的增加 m-value 逐渐增加,最大增加比例为 73.1%,且在 9% 时 m-value 为 0.45(>0.3),该值与 1% 含量 PP-g-MAH 时 TBM 改性沥青基本相等。为此,需综合考虑 S 与 m-value 对于低温抗裂性能的影响。有关文献对于 BBR 低温流变性采用 k=S/(m-value) 之比值进行综合分析比较,在实验温度下,k 值越小,改性沥青的低温抗裂性能越好[200,201]。如表 4-4 随着 PP-g-MAH 含量增加 k 值先增大,当含量为 5% 达最大值,之后开始减小,且 PP-g-MAH 含量在 5% 与 7% 之间变化较小。因此,合理的 PP-g-MAH 含量是改善 TBM 改性沥青低温性能的关键。

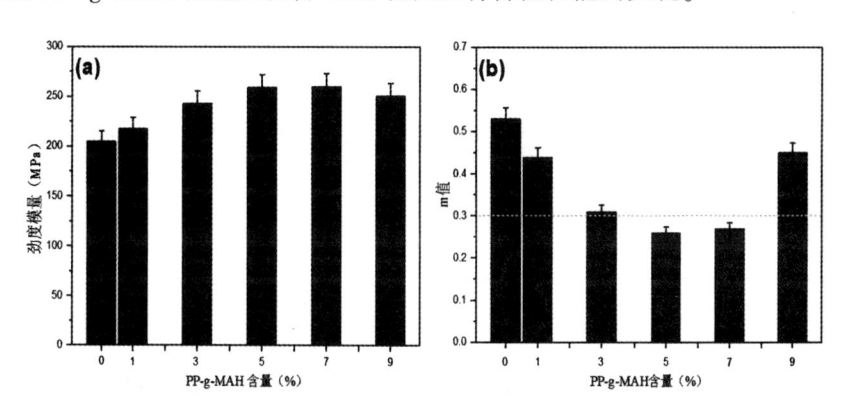

图 4-13 PP-g-MAH 含量对 TBM 改性沥青劲度模量(S)与 m-value 的影响

表 4-4 k 与 PP-g-MAH 含量变化信息

PP-g-MAH 含量(%)	S(MPa)	m-value	k
0	205	0.53	386.79
1	218	0.44	495.45
3	243	0.31	783.87

5	259	0.26	996.15
7	260	0.27	962.96
9	251	0.45	557.78

4.3.8 TBM 改性沥青 DSC 分析

沥青是由高聚物、中低聚物及部分小分子组成的混合物质，属于高分子范畴，且本书中的沥青由经回收后的塑料混合物进行改性，所以改性沥青性能可采用热分析测试技术进行评价。通过对 TBM 改性沥青吸热熔融峰的分析，可定性评价改性沥青的高温性能。不同含量 PP-g-MAH 对 TBM 改性沥青的 DSC 分析如图 4-14 所示。

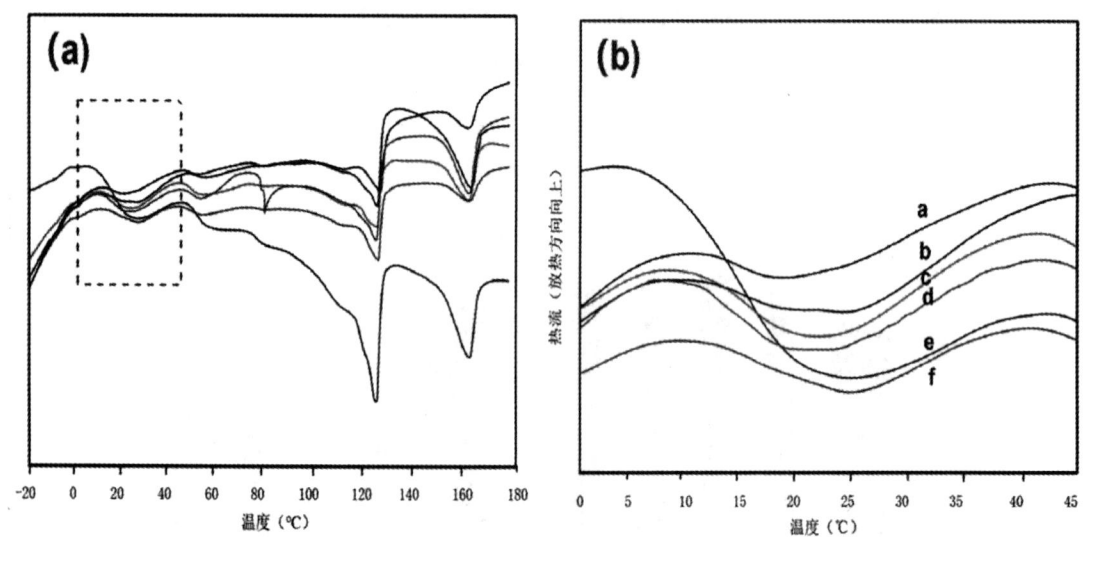

图 4-14 不同 PP-g-MAH 含量对 TBM 改性沥青 DSC 分析

由图 4-14(a)可以看出，在 15~30℃之间的峰对应沥青的吸热熔融峰，120℃及 160℃则分别对应改性沥青所用 TBM 中 RPE 和 RPP 的吸热熔融峰。由于图中沥青吸热熔融峰随 TBM 含量变化范围较窄，所以对沥青吸热熔融峰进行了局部放大（虚线框内容），得到图 4-14(b)，图中曲线 a-f 分别对应 PP-g-MAH 含量为 0%、1%、3%、5%、7%、9%的改性沥青的 DSC 曲线。可以看到，PP-g-MAH 含量为 0%时，沥青对应吸热峰最为平坦，峰面积最小，且峰值温度偏低，仅 17℃左右，表明未经过 PP-g-MAH 改性的 TBM 对沥青热稳定性改善效果最差，原因在于 TBM 未经过 PP-g-MAH 改性，RPE 和 RPP 处于相分离状态，加入沥青后，和沥青之间形不成均一稳定的相态，且沥青中固液相比例不会有大的改善，所以沥青的热稳定性较差。随着 PP-g-MAH 在 TBM 中的加入及含量的增加，可以看到，曲线 b-f 中沥青的吸热峰对应的峰值温度往高温方向移动，且在 PP-g-MAH 含量为 7%~9% 时，吸热峰峰值趋于稳定，峰值达到 25℃ 左右，表明此时 PP-g-MAH 与 RPE/RPP 中羟基的反应达到饱和，TBM 中过量的 PP-g-MAH 与沥青中的羟基也发生酯化反应，从而导致沥青中的小分子物质的含量降低，大分子固相物的比例增加，沥青中固液相比例改善明显，多种因素的共同结果提高了沥青的热稳定性。对比吸热峰的峰面积，发现 PP-g-MAH 含量为 7% 时，沥青对应吸热峰面积最大，表明此时沥青熔融所需能量最高，此时体系的热稳定性最高，高温稳定性最好。由于 TBM 在沥青中的含量较低，仅为 4%，因此对沥青中 RPE 和 RPP 的热稳定性不做单独分析。

4.4 本章小结

本章采用分区加料的双螺杆挤出技术将 RPE、RPP 和 PP-g-MAH（其含量分别为 RPE、RPP 总质量的 0%、1%、3%、5%、7% 和 9%）制备 TBM，并按基质沥青质量的 4% 制备不同 PP-g-MAH 含量的 TBM 改性沥青，分析了 PP-g-MAH 含量对 TBM 改性沥青性能的影响并研究了有关改性机理，主要结论如下：

（1）随着 PP-g-MAH 含量的增加，TBM 改性沥青针入度逐渐降低，软化点逐渐增大，延度先减小后增大，在 7% 时达到最小值。对于黏度而言，PP-g-MAH 含量在 0%~3% 时黏度增幅较慢，在 5%~7% 时增幅较快，之后几乎保持恒定。

（2）PP-g-MAH 添加明显改善了 TBM 改性沥青高温储存稳定性，软化点差值法分析表明：随着 PP-g-MAH 含量增加，ΔT 逐渐减小，当含量不小于 6.7% 时，ΔT≤0.5 满足技术指标要求，且但含量在 7%~9% 之间时，ΔT 值基本保持恒定值。对于上述高温稳定性特选择 0%、7%、9% 三种 PP-g-MAH 含量对应软化点差值法用 TBM 改性沥青进行微观形貌表征，所得结论与软化点差值法一致。

（3）PP-g-MAH 添加提高了 TBM 改性沥青的复合剪切模量（$|G^*|$），且随着其含量的增加，弹性模量 $|G^*|\cos\delta$ 与抗车辙因子 $|G^*|/\sin\delta$ 均呈现增加趋势，而相位角 δ 则减小，这说明 PP-g-MAH 对 TBM 改性沥青高温性能改善明显。抗疲劳性能分析表明：基质沥青的抗疲劳性能 $|G^*|\sin\delta$ 最优。流变性能综合分析表明：以 RPE 和 RPP 总质量 7% 含量的 PP-g-MAH 所制备的 TBM，且改性沥青中 TBM 添加量为 4% 时流变性能最佳。

（4）红外光谱机理分析结果表明，PP-g-MAH 中马来酸酐基团与 RPE、RPP、沥青中羟基发生化学反应生成酯类化合物，同时 PP-g-MAH 与 RPP 相似 PP 分子链物理缠结作用也增加了 TBM 相容性，进而改善了 TBM 改性沥青的高温储存稳定性。

(5)低温性能 BBR 分析结果表明，改性沥青的流值 m-value 除 5%~7% 含量 PP-g-MAH 范围外，其余值均满足技术指标要求(m-value>0.3)。而劲度模量 S 在实验范围内均满足技术指标要求(S<300MPa)。同时采用二者参数之比 k 值综合分析了 PP-g-MAH 含量对 TBM 改性沥青低温抗裂性能的影响，结果表明：当 PP-g-MAH 含量不小于 7% 时，对 TBM 改性沥青的低温性能有正面影响。

(6)DSC 分析结果表明，PP-g-MAH 含量对 TBM 改性沥青的热稳定性有重要意义。研究结果表明，PP-g-MAH 可与 RPE、RPP、沥青中羟基发生化学反应生成酯类化合物，从而提高体系相容性，改善沥青中固液相比例，进而提高 TBM 改性沥青的高温稳定性，且 PP-g-MAH 含量为 7% 时，改性沥青体系的热稳定性最高。

第5章　PE-g-MAH 对 BBM 改性沥青性能影响及机理研究

5.1 引言

RPE 在沥青混合料中的使用不仅能缓解环境污染，同时能改善混合料的路用性能[202,203]，其中报道较多的有 RPE 降低了高温、重载环境下沥青路面的车辙病害[204-206]。然而 RPE 中较高的结晶结构使得 RPE 与沥青之间相分离严重，进而对 RPE 改性沥青性能及应用产生不利影响[121]，目前解决此类问题所采取的化学方法有功能基团交联、烯键交联、酸化反应等[151,207,208]，物理方法有二氧化硅填充[209]、制备工艺改进等[179]，这些方法中最有效的是马来酸酐(MAH)基团交联法，因为该法不仅能改善高温存储稳定性而且对于抗车辙等性能均有一定程度的提高[210]。马德崇等人[129]采取在引发剂 DCP 作用下，应用螺杆挤出技术制备 RPE-g-MAH 改性剂，利用 MAH 活性基团与沥青中碱性基团($-NH_2$)反应，从而提高了改性沥青储存稳定性；Hesp S 等人[211]采用立体稳定位阻法，即在 RPE 上接枝 MAH，同时加入封端剂 PBD 或 ATBN，并加入单质 S 对封端剂进行交联，从而使得 RPE 粒子间形成位阻稳定层来达到存储稳定性目的。上述两种案例主要是采取对 RPE 进行功能化，并各自讨论了对改性沥青及其混合料性能的影响。

考虑到 RPE、PE-g-MAH 两种原料中均含有 PE 相同分子链，一方面可以进行物理缠绕，增加原料之间的相容性，另一方面 PE-g-MAH 中活性基团可以与沥青中碱性基团作用[212]，并结合文献中未见到 RPE 与 PE-g-MAH 共混造粒后制备改性沥青相关研究，本书采取不同含量 PE-g-MAH 与恒量 RPE 制备 BBM 改性剂，并讨论了不同含量 PE-g-MAH 对 BBM 改性沥青常规技术指标、黏度、高温储存稳定性、流变性、低温性能等的影响。

5.2 实验部分

5.2.1 实验原材料

(1) BBM 原材料:RPE 产自东莞市中闽新材料科技有限公司(包装薄膜机头料直接回收),其基本性质为:测试条件190℃和2.16kg下熔融指数为4.3654g/10min,灰分含量为7.143wt%,密度为0.992g/cm^3;PE-g-MAH产自尚溪(上海)化工助剂有限公司,其熔融指数(190℃和2.16kg)为2.9g/10min,密度0.92g/cm^3,接枝率1.1%,熔点125℃。

5.2.2 主要仪器、设备

除表2-2、3-2、4-2制备TBM、分析TBM及TBM改性沥青所用的仪器、设备外,本章实验所用主要仪器设备(除自制设备)及其型号、生产厂家见表5-1。

表5-1 主要仪器设备

仪器、设备名称	型号	生产厂家
平行同向双螺杆挤出机	TSE-30	南京达利特挤出机械有限公司
傅里叶变换红外光谱仪	IS50型	美国热电公司

5.2.3 BBM改性沥青样品制备方法

将RPE于90℃下干燥3.0h,PE-g-MAH于70℃下干燥2.5h后,称取质量为1000g的RPE六组,每组PE-g-MAH添加量分别取0g(0%,空白试验)、10g(1%)、30g(3%)、50g(5%)、70g(7%)、90g(9%),经高速混合机混合均匀后加入双螺杆挤出机,螺杆挤出机温度设定分别为175℃~180℃~180℃~185℃~190℃~190℃~185℃~185℃~180℃~180℃(按从进料仓至机头顺序),挤出的线料经循环水冷却、风干、切粒,即BBM改性剂制备完成,保存待用。

取六组500克沥青分别置于不锈钢杯中,下垫石棉网加热至160℃(过程温度控制≤180℃)开启剪切设备,在1000~1500pm转速下缓慢、均匀加入已经计量好的BBM改性剂,每组添加量按照20克(为沥青的4%),添加完毕后剪切速率调整至4000±500pm剪切1小时即BBM改性沥青制备完成,待后续相关测试。

5.2.4 BBM改性沥青性能测试与结构表征

(1)常规指标测试

BBM改性沥青软化点、针入度(25℃)、延度(25℃)、旋转黏度(135℃)、高温存储稳定性可按照JTG E20-2011《公路工程沥青及沥青混合料试验规程》[191]相关要求与4.2.4进行测试。

(2)傅里叶红外光谱测试

红外光谱(FTIR)分析目的在于确定BBM与基质沥青之间可能的化学反应,测试波数665~3000cm^{-1},扫描次数32次。

(3)流变性能及低温性能测试

参照4.2.4测试方法

(4)微观形貌表征

为了进一步验证上述差值法对BBM改沥青高温储存稳定性评价,采用扫描电镜获取上述差值法测试软化点时两端的BBM改性沥青体系微观结构,具体测试方法参照4.2.4中微观形貌测试方法。

5.3 结果与讨论

5.3.1 BBM改性沥青常规指标分析

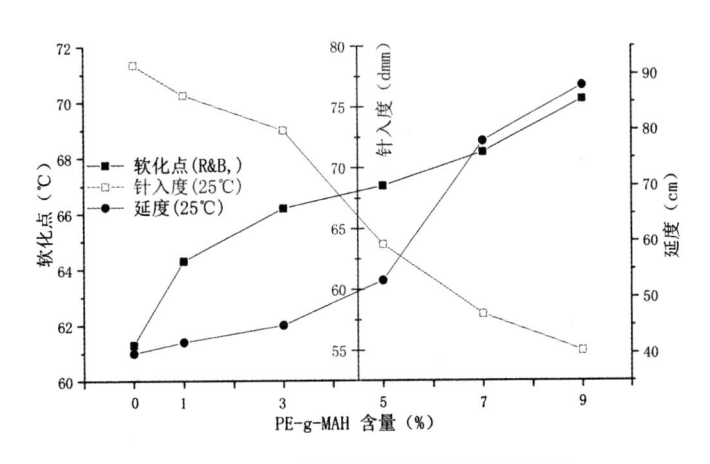

图5-1 BBM改性沥青常规指标测试结果

对于RPE改性沥青的针入度、软化点等方面的文献报道已有很多,其结论为:随着

RPE 含量的增加改性沥青针入度降低，软化点升高[213]。本实验通过对不同含量 PE-g-MAH 所制备的 BBM 改性沥青常规指标测试，其结果从图 5-1 可知，掺入 BBM 后，改性沥青的软化点明显增加，且随着 PE-g-MAH 含量的增加软化点逐渐升高，这说明 RPE 中加入 PE-g-MAH 共混改性后所制备的 BBM 改性沥青体系更具有稳定的网络结构。与基质沥青相比，BBM 改性沥青软化点最大增幅 29.8%，与 RPE（添加量 4%基质沥青）改性沥青相比最大增加 14.4%。同样从图 5-1 知，掺入 PE-g-MAH 明显降低了 BBM 改性沥青针入度值，最大降幅 29.9%（0%~9%之间），上述两性能变化表明：随着 PE-g-MAH 含量增加 BBM 改性沥青的高温性能明显改善。

对于 25℃延度而言，与基质沥青相比，单纯 RPE 加入后改性沥青延度明显降低，然而在 PE-g-MAH 加入后 BBM 改性沥青的 25℃延度随着其含量的增大逐渐增大，所涉及的机理如图 5-2。首先应用双螺杆挤出技术，在高温及剪切力等协同作用下，RPE、PE-g-MAH 原材料之间的相似 PE 高分子链段通过物理缠绕（因 RPE 老化时间较短，活性基团如-OH 未形成或含量极低，与 MAH 基团反应的可能性极小，二者原材料之间之间范德华力占主导作用）形成较为稳定的界面相容体系 BBM，而在后续 BBM 改性沥青制备过程中，BBM 中的 PE-g-MAH 具有的活性基团在高温剪切、搅拌作用下逐步与基质沥青中-OH 发生酯化反应，形成相对较为稳定的高分子链结构，这一点与已有相关文献报道相一致[174]。最终 BBM 在基质沥青中形成具有一定柔韧性的网络结构，使得 BBM 改性沥青延度逐渐增大。同时，BBM 分子链网络结构吸附基质沥青中轻组分使得 BBM 改性沥青固相含量相对增加，从而 BBM 改性沥青黏度逐渐增加，结果导致软化点升高，针入度降低。

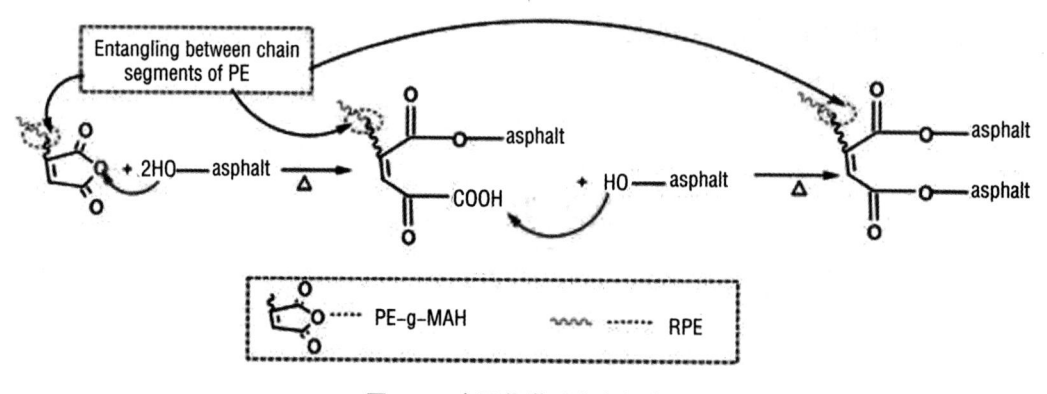

图 5-2 主要化学反应方程式

5.3.2 BBM改性沥青黏度分析

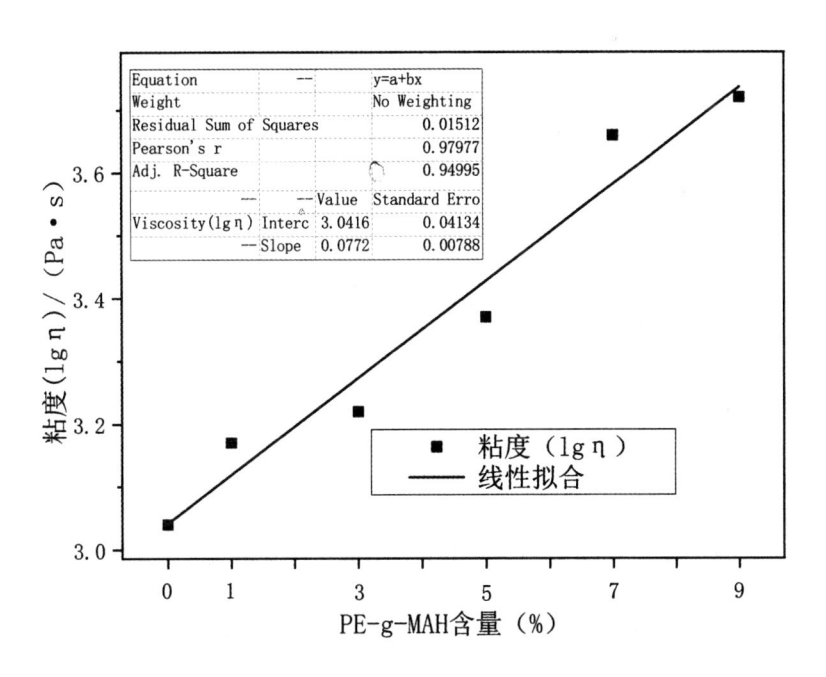

图5-3 PE-g-MAH含量对BBM改性沥青黏度线性拟

改性沥青的黏度受到沥青、改性剂及测试条件等的影响[214]，本实验是在135℃条件下所测定的旋转黏度值，并对PE-g-MAH含量(%，自变量)与黏度lgη(Pa·s，因变量)进行线性拟合处理，分别对应拟合方程中x、y，得出二者之间关系满足一元线性回归方程：y=3.04164+0.07721x，为预测其他(实验值之外)含量PE-g-MAH下BBM改性沥青黏度值提供依据，拟合信息见图5-3，其中皮尔逊相关系数R(Pearson's r)=0.97977表明它们之间的关系为高度正相关，即随着x值增大，y值增大。调整后的相关系数R^2=0.94995，说明BBM改性沥青黏度变化94.995%是由PE-g-MAH含量引起，产生的原因可能有两个方面，其一，RPE、PE-g-MAH分子链对沥青轻组分的吸收、溶胀作用阻碍了沥青分子的运动[207]。另一方面是MAH与沥青中-OH基团之间的反应，所形成的网络结构使得体系运动进一步降低，二者共同作用影响到BBM改性沥青的黏度。残差平方和(Residual Sum of Squares)RSS=0.01512，它是除了x对y的线性影响之外的其他因素对y变化的作用，即不能由回归直线来解释的占1.512%。且从图5-3可知，PE-g-MAH对改性沥青的高温性能明显改善，这与图5-1中PE-g-MAH含量对针入度、软化点性能影响规律相一致。

5.3.3 BBM改性沥青傅里叶红外光谱分析

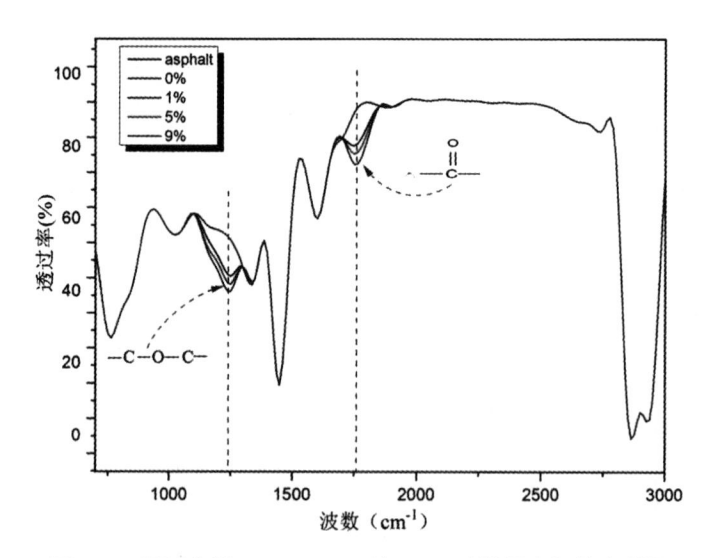

图5-4 不同含量PE-g-MAH的BBM改性沥青红外光谱图

为了进一步分析验证含有PE-g-MAH的BBM与基质沥青之间是否发生化学反应,分别选取具有代表性的0%、1%、5%、9%含量的PE-g-MAH四种BBM改性沥青进行红外图谱分析,从图5-4可以看出:基质沥青与0%含量的PE-g-MAH的BBM改性沥青红外图谱线基本重合,未发现有新物质产生,说明基质沥青未与RPE发生化学反应,只是简单的物理混合、分散过程。而PE-g-MAH含量为1%、5%、9%的BBM改性沥青在1247cm^{-1}与1780cm^{-1}附近出现了新的特征吸收峰,其中1247cm^{-1}为-C-O-C-伸缩振动峰,1780cm^{-1}为C=O伸缩振动峰,说明沥青中的羟基基团与BBM中的PE-g-MAH中酸酐基团发生反应生成酯类物质,这与图5-2反应机理相一致。同时在出现两新峰值处,随着PE-g-MAH含量的增加,峰的宽度和强度增加,可能的原因在于随着PE-g-MAH含量递增,与沥青之间的反应产物增多,改善了BBM改性剂与沥青之间的相互作用,提高了两相之间的界面相互作用,这对于改善BBM改性沥青的存储稳定性具有重要的意义。

5.3.4 BBM改性沥青高温存储稳定性分析

软化点差值法实验反映了改性沥青热存储稳定性。从图5-5可知:随着PE-g-MAH含量增大,上部和底部软化点差值ΔT逐渐降低,当含量为5%时,其值ΔT=6.3℃>2.5℃,不能满足改性沥青热存储稳定性要求。当含量为7%时,则有ΔT=2.4℃<2.5℃,

已满足标准要求，且随着 PE-g-MAH 含量进一步递增，ΔT 值继续减小。当 PE-g-MAH 含量为 9%，上部软化点为 60.1℃，下部软化点为 58.2℃，此时 ΔT=1.9℃，高温存储稳定性进一步增强。因此，可推断 PE-g-MAH 添加及其合理的含量对 BMM 改性沥青高温存储稳定性有积极作用，有利于 BBM 改性沥青存储、远距离运输及施工，对于改善其性能，降低成本具有重要意义。然而，已有研究表明[212]，由于 RPE 的结晶性能，使得二者之间相容性降低，易产生离析现象，所制备的改性沥青储存稳定性较差。这说明 PE-g-MAH 的添加对 RPE 改性沥青储存稳定性有显著影响。

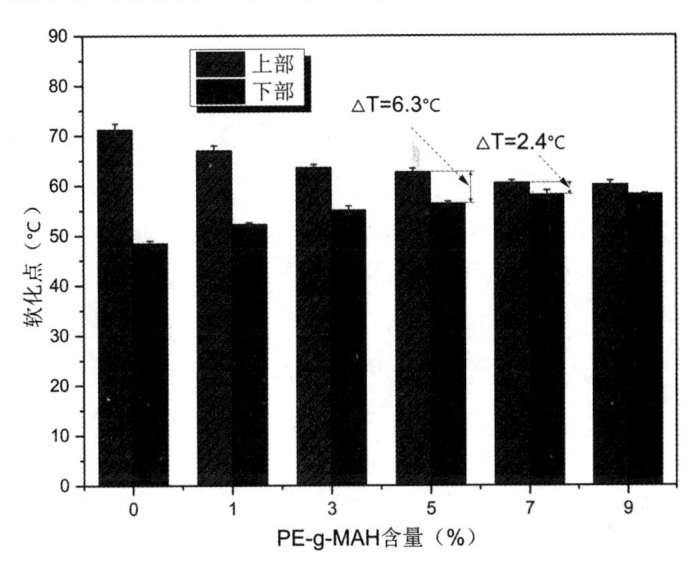

图 5-5 软化点法测定 BBM 改性沥青储存稳定性

采用扫描电镜直接对软化点差值法所用两端对应样品进行微观形貌分析，评价 PE-g-MAH 含量对 BBM 改性沥青高温存储稳定性影响。未添加 PE-g-MAH(0%)时 BBM 改性沥青上部对应微观形貌如图 5-6 中 a¹图，RPE 主要集中在上部，并且看到有 RPE 团聚现象，且在对应下部 a^b 图几乎未见 RPE，仅看到基质沥青微观形貌，表明离析严重。随着 PE-g-MAH 含量增加，BBM 改性沥青上部改性剂逐渐变小，数量逐渐减少，分散明显均匀，当 PE-g-MAH 含量达到 7%时（图 e¹、e^b），BBM 在两部分中分散更加均匀，颗粒更小，高温存储稳定性进一步增强，这与用软化点差值法所得结果相一致，当 PE-g-MAH 含量为 9%时，BBM 与沥青之间的界面变得模糊，BBM 分散颗粒更细、更均匀，上下部分微观形貌基本相似，稳定性进一步提升，充分说面 PE-g-MAH 的添加对于改善 RPE 改性沥青高温存储稳定性效果明显。

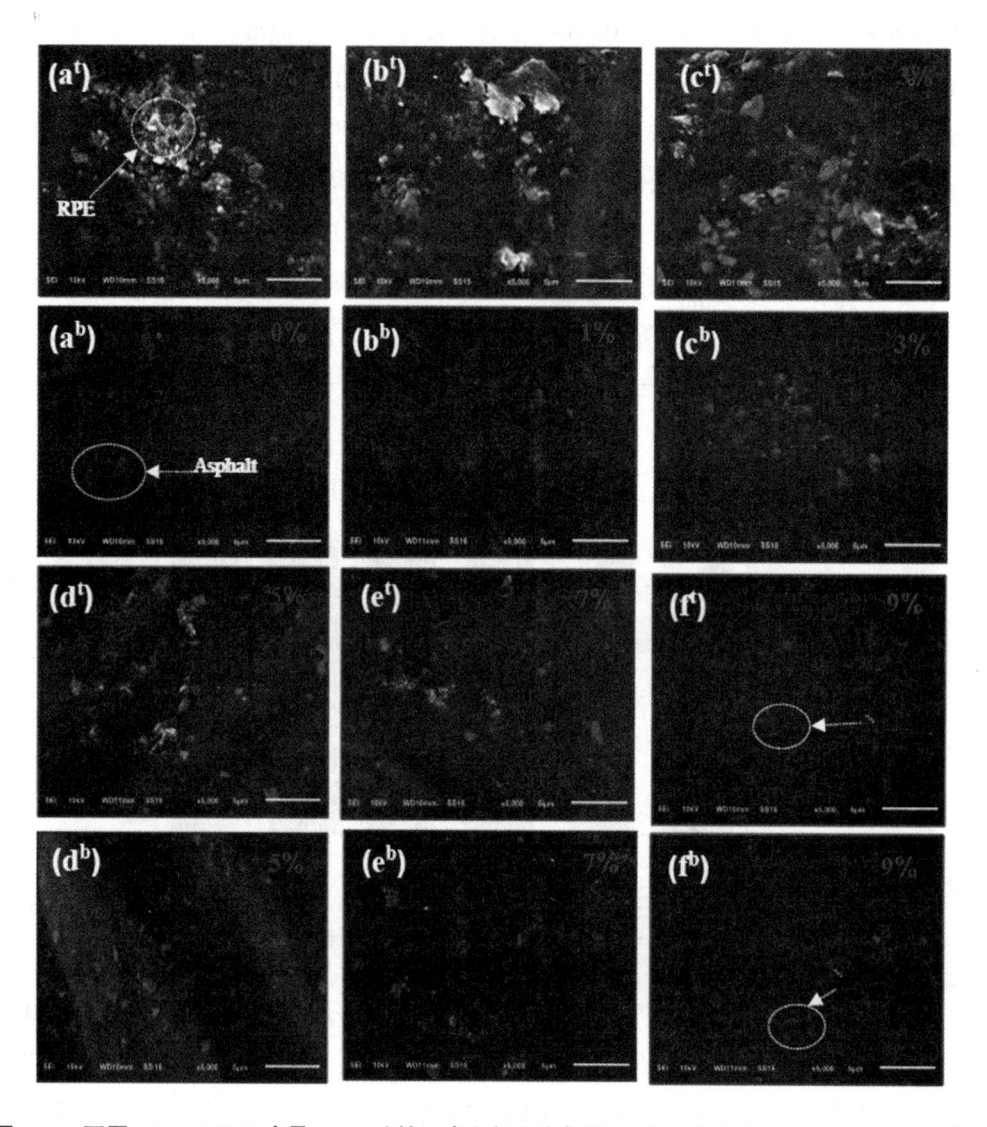

图 5-6 不同 PE-g-MAH 含量 BBM 改性沥青上部和底部微观形貌(上部：$a^t \sim f^t$；下部：$a^b \sim f^b$)

对于 PE-g-MAH 改善 BBM 改性沥青高温存储稳定性机理推断：在前期 BBM 改性剂制备过程中，因使用包装薄膜机头料直接回收，RPE 老化所产生的羟基等活性基团较少，主要是 PE-g-MAH 中 PE 分子链与 RPE 发生物理缠绕作用，改善了 BBM 改性剂的界面相容性，有利于后续改性沥青的制备，在 BBM 改性沥青制备过程中，在高温条件下 PE-g-MAH 中 MAH 活性基团与沥青中羟基发生化学反应，形成酯类高分子化合物，这种网络结构的形成有利于改善高温存储稳定性，PE-g-MAH 在 RPE 与沥青之间起到了类似偶联剂的作用。

5.3.5 BBM改性沥青流变性分析

已有文献对流变学研究表明[215,216]，RPE改性沥青提高了沥青的复合剪切模量，降低了相位角，改善了基质沥青的流变性能。为了评价不同含量PE-g-MAH、温度对BBM改性沥青流变性能的影响，本实验采取0%、1%、3%、5%、7%、9%含量的PE-g-MAH及40~90℃不同温度且相同频率(10rad/s)下测定6组BBM改性沥青流变性能，相关测试结果如图5-7~图5-11。

5.3.5.1 BBM改性沥青复合剪切模量分析

复合剪切模量($|G*|$)是与温度有关的表征沥青劲度的重要参数，从图5-7可知，在同一温度下且频率确定的条件下BBM改性沥青的$G*$随着PE-g-MAH含量增加而增大，表明改性沥青变硬、劲度增加。在温度较低时(40℃)，$|G*|=2.01522\times10^6$Pa(0%含量PE-g-MAH)，$|G*|=3.255\times10^6$Pa(9%含量PE-g-MAH)，增加61.52%，差距相对明显，而随着温度的升高，BBM改性沥青的$G*$逐渐减小，且PE-g-MAH含量对BBM改性沥青$G*$影响逐渐降低，增加仅39.67%，说明在实际工程应用时必须要考虑PE-g-MAH含量与环境温度对$|G*|$性能的影响。

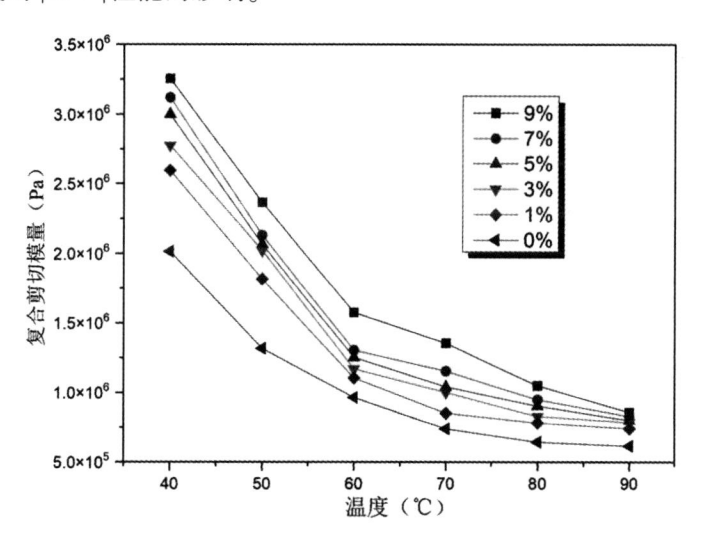

图5-7 PE-g-MAH含量对BBM改性沥青复合剪切模量($|G*|$)的影响

5.3.5.2 BBM改性沥青相位角分析

从图5-8可知，在相同温度、相同频率实验条件下，BBM改性沥青相位角(δ)随着

PE-g-MAH 含量增大而降低，说明改性沥青的弹性越来越好，粘性越来越差，在同一 PE-g-MAH 含量条件下，随着实验温度的升高 δ 逐渐增加，BBM 改性沥青粘性增强，且随着温度的升高，不同 PE-g-MAH 含量之间的 BBM 改性沥青的 δ 相互靠近，差值明显减小，这说明 PE-g-MAH 提高了 BBM 改性沥青高温弹性响应，可能产生的原因在于沥青中的碱性基团-OH 与 BBM 改性剂中的 MAH 基团相互反应形成了相对稳定的化学网络交联结构与 RPE、PE-g-MAH 二者之间 PE 链段物理缠绕作用所形成的物理网络结构，二类网络结构共同作用使得 δ 与 PE-g-MAH 含量及温度之间存在如图 5-8 所示变化关系，同时也反映了 δ 通常作为改性沥青材料结构敏感性的重要指标[217]。

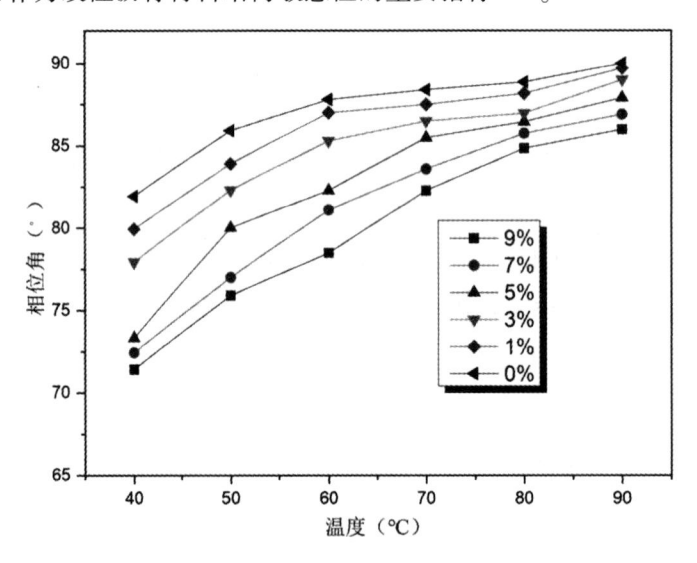

图 5-8 PE-g-MAH 含量对 BBM 改性沥青相位角(δ)的影响

5.3.5.3 BBM 改性沥青抗疲劳性能分析

粘性模量($|G*|\sin\delta$)即抗疲劳参数或抗疲劳因子，从图 5-9 可知，与 RPE 改性沥青相比，PE-g-MAH 的加入提高了 BBM 改性沥青 $|G*|\sin\delta$ 值，且在同一温度下 $|G*|\sin\delta$ 随着 PE-g-MAH 含量增加而增加。抗疲劳参数反应改性沥青在荷载或温度作用下因沥青流动而产生变形能量损失，因此，该参数值越低改性沥青抗疲劳开裂性能越优。通过对图 5-9 分析发现，PE-g-MAH 添加不利于 BBM 改性沥青抗裂性能的提升，如在 40℃时，0% 含量 PE-g-MAH 的 BBM 改性沥青 $|G*|\sin\delta = 1.995\times10^6$ Pa，9% 时为 3.085×10^6 Pa，增加 0.55 倍；在 90℃时，仅增加 0.39 倍。同一 PE-g-MAH 含量下，温度升高使得 $|G*|\sin\delta$ 降低，也即抗疲劳性能提高，因此合理的 PE-g-MAH 含量与使用环境温度共同考虑来决定抗疲劳性能最佳值。

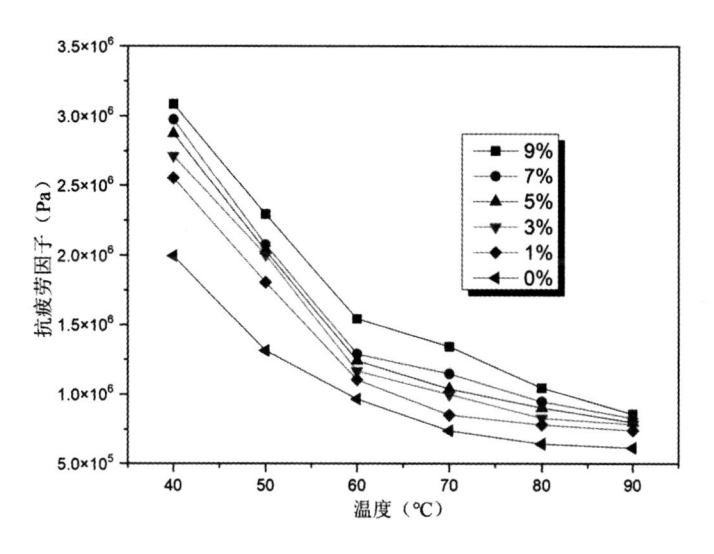

图 5-9 PE-g-MAH 含量对 BBM 改性沥青疲劳因子($|G*|\sin\delta$)的影响

5.3.5.4 BBM 改性沥青抗车辙性能分析

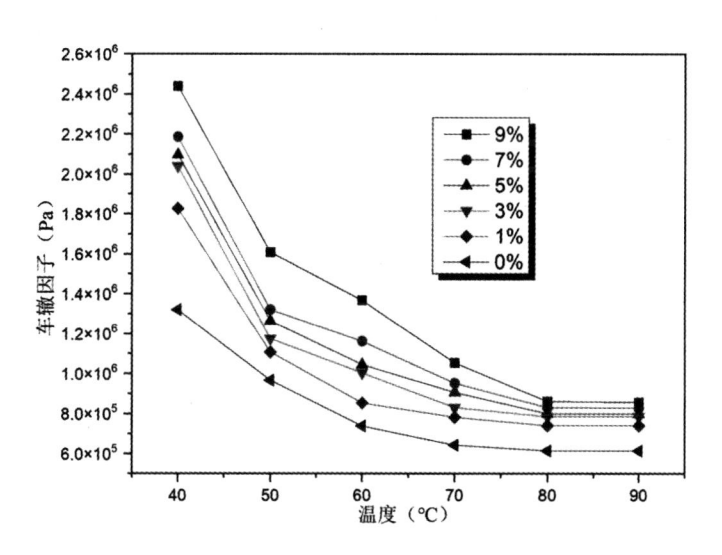

图 5-10 PE-g-MAH 含量对 BBM 改性沥青抗车辙因子($|G*|/\sin\delta$)的影响

图 5-10 表明温度、PE-g-MAH 含量与车辙因子($|G*|/\sin\delta$)之间的关系。在同一温度下,随着 PE-g-MAH 含量的增加 BBM 改性沥青的车辙因子增加,说明 PE-g-MAH 改善了 BBM 改性沥青的高温抗车辙性能。当温度升高时 PE-g-MAH 含量对车辙因子影响逐渐降低,且不同含量影响差距也逐步缩小,温度在 40℃ 时,$|G*|/\sin\delta = 1.32\times10^6$ Pa(PE-g-MAH 含量为 0%),$|G*|/\sin\delta = 2.44\times10^6$ Pa(PE-g-MAH 含量为 9%),增加 84.68%。温度在 90℃ 时,$|G*|/\sin\delta = 6.16\times10^5$ Pa(PE-g-MAH 含量为 0%),$|G*|/\sin\delta = 8.58\times10^5$ Pa(PE-g-MAH 含量为 9%),增加仅 39.32%。综上分析表明:在

BBM改性沥青温度相对较低环境下,PE-g-MAH含量对BBM改性沥青高温性能影响占主导因素,随着温度的提高,其含量对高温性能影响逐渐减弱,温度对其影响作用逐渐增强。

5.3.5.5 BBM改性沥青弹性模量分析

弹性模量($|G*|\cos\delta$)是复合剪切模量的弹性部分,反应改性沥青储能能力与在外力作用后恢复到最初状态的能力指标,从图5-11可知,在同一温度下,随着PE-g-MAH含量增加,BBM改性沥青弹性模量增加,在同一含量下,随着温度的升高弹性模量降低,当温度大于80℃以上时,PE-g-MAH含量对BBM改性沥青弹性模量增加幅度更加明显,如在90℃,$|G*|\cos\delta=499Pa$(0%含量PE-g-MAH),$|G*|\cos\delta=60805Pa$(9%含量PE-g-MAH),增加121倍,而在40℃,$|G*|\cos\delta=283959Pa$(0%含量PE-g-MAH),$|G*|\cos\delta=1038800Pa$(9%含量PE-g-MAH),增加2.658倍,这充分说明PE-g-MAH与RPE中所形成的PE物理缠绕网络结构与前者中MAH基团与沥青中碱性基团之间反应所形成的物理、化学高分子网络结构共同作用使得BBM改性沥青的弹性提高,尤其在高温环境中表现更加明显,有利于BBM改性沥青混合料车辙性能的改善。

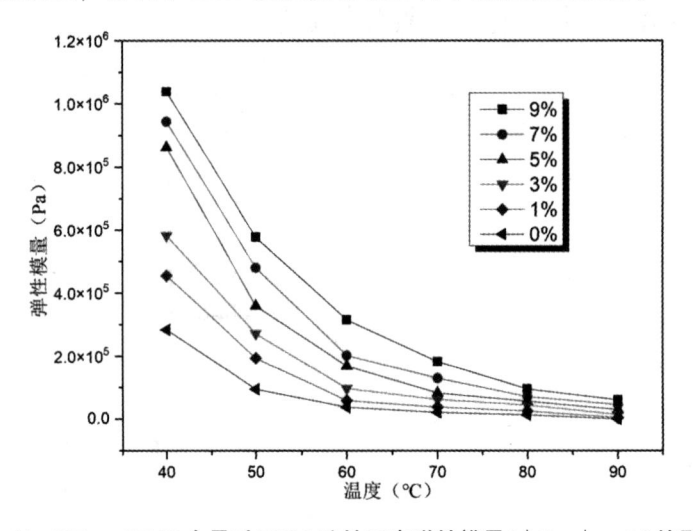

图5-11 PE-g-MAH含量对BBM改性沥青弹性模量($|G*|\cos\delta$)的影响

5.3.6 BBM改性沥青BBR分析

5.3.6.1 不同PE-g-MAH

图5-12为不同含量PE-g-MAH对BBM改性沥青低温性能影响,通过对图中流值(m-value)与劲度模量(S)变化可知,在-18℃实验条件下BBM改性沥青m-value随PE-g-MAH着含量的增加而增加,当其含量大于4.88%时,m-value>0.3满足技术指标要求,说

明PE-g-MAH改善了BBM改性沥青的低温性能。从S变化角度看,随着PE-g-MAH含量提高(0%~7%)S值逐渐增加,劲度模量提高,从7%开始后,增加幅度减缓,可能原因在7%含量PE-g-MAH时BBM改性沥青中MAH与沥青中强基团反应达到化学平衡,随后反应速度逐渐减小,但网络结构继续形成,因此,S增幅降低,但是在整个实验范围内S<300MPa,满足技术指标要求,进一步说明用PE-g-MAH所制备的BBM改性剂对沥青低温性能有明显的改善。

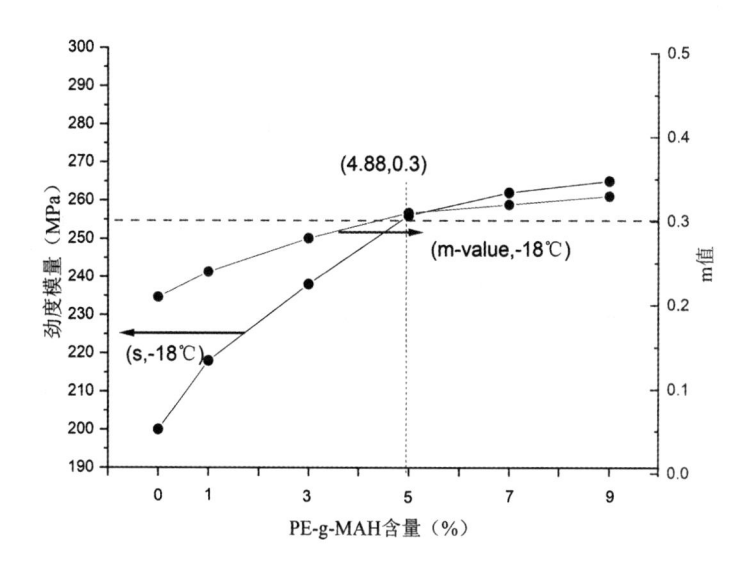

图5-12 不同PE-g-MAH含量对BBM改性沥青劲度模量(S)与m-value的影响

5.4 本章小结

本章通过双螺杆挤出技术,应用RPE、PE-g-MAH(其含量为RPE质量的0%、1%、3%、5%、7%和9%)原材料制备BBM,并按基质沥青质量的4%制备不同PE-g-MAH含量的BBM改性沥青,分析了PE-g-MAH含量对BBM改性沥青性能的影响及有关改性机理,主要结论如下:

(1)常规指标分析结果表明,随着PE-g-MAH含量增加BBM改性沥青软化点升高,针入度降低,而与RPE改性沥青相比,25℃延度增加,说明PE-g-MAH添加有助于改善BBM改性沥青低温性能。对于其135℃旋转黏度则与PE-g-MAH含量呈线性相关,据此需考虑提升拌和、施工温度。

(2)高温存储稳定性分析结果表明,当PE-g-MAH含量≥7%,采用软化点差值法分析 BBM 改性沥青满足 8 $T\leqslant 2.5$℃,对此结论通过扫描电镜获取软化点差值法两端 BBM 改性沥青微观形貌进行验证,进一步表明合理含量的 PE-g-MAH 明显改善 BBM 改性沥青高温存储稳定性。

(3)机理分析结果表明,RPE 与不同含量 PE-g-MAH 通过物理缠绕作用制备 BBM 沥青改性剂。通过不同含量 PE-g-MAH 的 BBM 改性沥青 FTIR 对比分析表明,PE-g-MAH 中 MAH 基团与沥青中羟基-OH 相互反应形成酯类化合物网络结构,进而对 BBM 改性沥青有关性能产生影响。

(4)在同一温度条件下,随着 PE-g-MAH 含量增加 BBM 改性沥青 $|G*|$、$|G*|\sin\delta$、$|G*|/\sin\delta$、$|G*|\cos\delta$ 增加,则 δ 降低。在同一 PE-g-MAH 含量下,上述参数随着温度的增加而降低,仅 δ 则出现相反变化。

(5)BBR 分析表明,低温条件下(-18℃)m-value 值当 PE-g-MAH 含量大于 4.88% 时,m-value 满足技术指标要求(>0.3),且实验条件下 S 值均小于 300MPa,满足技术指标要求。上述分析表明,PE-g-MAH 添加明显改善了 BBM 改性沥青的低温性能。

第6章 TBM、BBM改性沥青混合料路用服役行为对比研究

6.1 引言

本书已对PP-g-MAH、PE-g-MAH含量对TBM、BBM改性沥青性能影响进行了相应分析评价，而路用性能才是最终实体工程应用最为直接的理论依据。为此需要通过对比两种不同相容剂含量对改性沥青混合料路用性能影响评价并选择最佳的改性剂及改性剂原材料配比。本章在分析集料的基础上确定最佳AC-20集料配合比组成设计，采取干拌和工艺制备混合料，基于如下三方面考虑，其一：相对于湿拌和工艺设备投资小，工程应用利润率高；其二：相对于湿拌和工艺操作简单，对工艺过程控制简单；其三：相对于湿拌和工艺，干拌和工艺条件下的改性沥青混合料低温抗裂性能较佳[106]。

本章重点对不同含量PP-g-MAH、PE-g-MAH的TBM、BBM改性沥青混合料进行强度、高温性能、低温性能、水稳定性能等路用服役行为对比分析研究，全面掌握TBM、BBM改性沥青混合料路用性能，为改性剂工业化生产及实体工程应用提供依据。

6.2 实验部分

6.2.1 实验原材料

（1）TBM、BBM原材料：相关技术指标见2.2.1、3.2.1及5.2.1内容。

(2)沥青：相关技术指标详见表4-1。

(3)集料：选用河南渑池集料厂(玄武岩)，按照 JTG E42-2005《公路工程集料试验规程》[218]中的相关要求和方法测试，其结果见表6-1和表6-2，均符合标准要求。

(4)矿粉：选用运城三路里集料加工厂，按照 JTG E42-2005《公路工程集料试验规程》[218]的要求和方法测试，实验结果见表6-3，符合标准要求。

表6-1 粗集料(3~20mm)基本性能

试验项目		试验结果	技术要求	试验依据
洛杉矶磨耗损失(%)		21	≤28	T0317-2005
磨光值(BPN)		45	≥42	T0321-2005
坚固性(%)		2.3	≤12	T0314-2000
软石含量(%)		1.1	≤3	T0320-2000
压碎值(%)		18	≤26	T0316-2005
粘附性(级)		6	≥5	T0616-1993
表观相对密度	15~20mm	2.901	≥2.60	T0304-2005
	10~15mm	2.899		
	5~10mm	2.897		
	3~5mm	/		
吸水率/%	15~20mm	0.317	≤2.0	T0304-2005
	10~15mm	0.380		
	5~10mm	0.893		
	3~5mm	0.125		
毛体积相对密度	15~20mm	2.884	—	T0304-2005
	10~15mm	2.867		
	5~10mm	2.824		
	3~5mm	/		

表 6-2 细集料(0~3mm)基本性能

试验项目	试验结果	技术要求	试验依据
表观相对密度	2.90	≥2.50	T0328-2005
砂当量(%)	62	≥60	T0334-2005
坚固性(>0.3mm 部分)/%	15	≥12	T0340-2005
亚甲蓝值/(g/kg)	21	≤25	T0349-2005
含泥量(<0.075 颗粒含量)/%	0.7	≤3	T0333-2000

表 6-3 矿粉基本性能

试验项目		试验结果	技术要求	试验依据
表观相对密度		2.84	≥2.50	T0352-2000
含水量(%)		0.2	≤1	T0332-2005
粒度范围/%	<0.6mm	100	100	T0351-2000
	<0.15mm	94.7	90~100	
	<0.075mm	97.6	75~100	
外观		无团粒结块	无团粒结块	—
亲水系数		0.6	<1	T0353-2000
塑性指数(%)		2.5	<4	T0354-2000
加热安定性		无显著变化	实测值	T0355-2000

6.2.2 主要仪器、设备

除表 2-2、3-2、5-1 制备 TBM、BBM 所用的仪器、设备外,本章实验所用主要仪器设备(除自制设备)及其型号、生产厂家见表 6-4。

表 6-4 主要仪器设备

仪器、设备名称	型号	生产厂家
鼓风干燥箱	DHG-9623A	上海精宏实验设备有限公司
振动筛	2BSX-92	北京蓝航中科测控技术研究所
沥青混合料拌和机	400×600×1280mm HYJB20	北京航天航宇测控技术研究所
液压车辙试验成型机	300×300×50mm HYCX-1	北京航天航宇测控技术研究所
低温试验箱	DX-200-40	天津三思实验仪器制造有限公司
自动车辙试验仪	SYD-0719	上海昌吉地质仪器有限公司
多功能全自动沥青压力试验机	SYD-0730A	上海昌吉地质仪器有限公司
马歇尔击实仪	550×550×1740mm SYD-0702	上海昌吉地质仪器有限公司
马歇尔稳定度测试仪	580x560x1400mm SYD-0709A	上海昌吉地质仪器有限公司
电热鼓风干燥箱	600×550×1300mm DHG-9426A	上海精宏实验设备有限公司
液压脱模机	DL-300KN	杭州三思仪器有限公司

6.2.3 TBM、BBM 改性沥青混合料样品制备方法

AC-20 沥青混合料拌和参数参照 JT/T860.1-2013《沥青混合料改性添加剂第一部分：抗车辙剂》[105]标准。

(1) 温度参数

TBM、BBM 改性沥青混合料温度参数，详见表 6-5。

表 6-5 TBM 改性沥青混合料温度参数

技术参数	技术要求(℃)
矿料加热温度	180~185
沥青加热温度	160~170
沥青混合料拌和温度	170~180
试样击实和成型温度	160~165

(2) 时间参数

TBM、BBM 与热集料干拌 30s；然后加入计量好的沥青拌和 90s；最后加入矿粉再拌

和90s。

(3) 矿料级配组成设计

基质沥青与TBM、BBM改性沥青混合料目标配合比均选用AC-20型级配,其矿料级配组成设计方法参照JTG F40—2004《公路沥青路面施工设计规范》[219]要求,级配范围要求及级配曲线如图6-1。

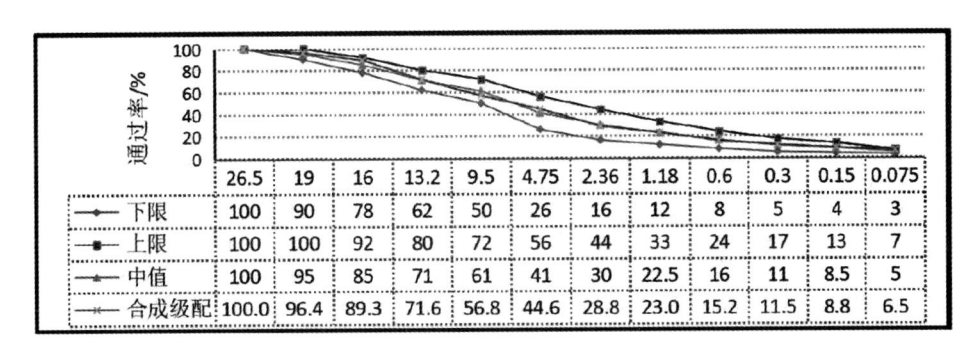

通过率/%	26.5	19	16	13.2	9.5	4.75	2.36	1.18	0.6	0.3	0.15	0.075
下限	100	90	78	62	50	26	16	12	8	5	4	3
上限	100	100	92	80	72	56	44	33	24	17	13	7
中值	100	95	85	71	61	41	30	22.5	16	11	8.5	5
合成级配	100.0	96.4	89.3	71.6	56.8	44.6	28.8	23.0	15.2	11.5	8.8	6.5

图6-1 级配范围要求及级配曲线图

(4) 基质沥青混合料最佳油石比确定

根据JTG E20-2011《公路工程沥青及沥青混合料试验规程》中的击实方法(T 0702)制作马歇尔试件,试件符合直径101.6mm±0.2mm、高63.5mm±1.3mm的标准要求[191],采用马歇尔试验方法进行基质沥青混合料最佳油石比确定,其值为4.5%。

(5) TBM、BBM改性沥青混合料样品制备

TBM、BBM改性沥青混合料样品制备是在确定基质沥青混合料配合比的基础上,通过干拌和工艺,并根据工程经验并结合TBM、BBM颗粒尺寸,为确保充分拌和均匀,达到最佳改性效果,设计TBM、BBM与热集料干拌和时间30s~35s,湿拌和时间180s~190s,TBM、BBM添加量分别为0.4%(以基质沥青混合料总质量计)并各制备六组TBM、BBM改性沥青混合料(PP-g-MAH、PE-g-MAH含量分别为0%、1%、3%、5%、7%、9%),制备工艺流程如图6-2。其中高温性能每组平行制样3个,低温和水稳定性每组平行制样8个,测试值根据k倍标准差方法剔除不合理数据后计算平均值作为最终分析用数据。

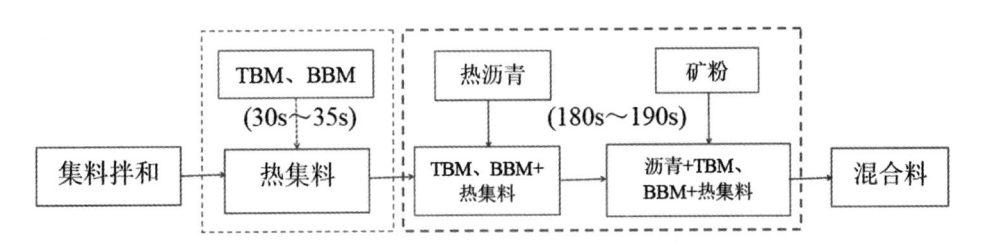

图6-2 TBM、BBM改性沥青混合料制备工艺流程图

6.2.4　TBM、BBM改性沥青混合料性能测试方法

(1) 马歇尔稳定度测试

采用马歇尔击实仪双面各击75次试件成型，试件规格符合直径101.6mm±0.2mm、高63.5mm±1.3mm的要求。试件成型后，静置过夜，测试加载率度为50±5mm/min，直接读取稳定度值、流值。

(2) 高温稳定性测试

用车辙试验成型机碾压成型300mm×300mm×50mm的板块状试件3个，将试件连同试模一同在常温条件下静置48h，然后将试件与试模一起置于温度为60℃±1℃的恒温烘箱中5h，最后用车辙试验机测定其动稳定度。

(3) 低温抗裂性能测试

试验采用室内轮碾成型板块试件并切割加工成30mm±2.0mm(宽)×35mm±2.0mm(高)×250mm±2.0mm(长)的棱柱体小梁，在-10℃温度、加载速率为50mm/min下，根据JTG E20-2011《公路工程沥青及沥青混合料试验规程》的试验方法[191]，进行不同PP-g-MAH、PE-g-MAH含量对TBM、BBM改性沥青混合料低温弯曲破坏试验，通过测试抗弯拉强度、最大弯拉应变对混合料低温抗裂性能进行对比评价。

(4) 水稳定性能测试

浸水马歇尔试验采用双面各击75次分别成型马歇尔试件，试件尺寸符合直径101.6mm±0.2mm，高63.5mm±1.3mm的要求。将成型好的试件随机分开，第一组试件置于60℃±1℃的恒温水槽中保温0.5h，第二组试件置于60℃±1℃的恒温水槽中保温48h后，以50mm/min±5mm/min的加载速度测定其稳定度。

冻融劈裂试验采用双面各击50次成型马歇尔试件，试件尺寸符合直径101.6mm±0.25mm，高63.5mm±1.3mm的要求。将两组试件随机分开，第一组试件置于平台，在室温下保存待测；第二组试件在真空度为97.3~98.7KPa(730~740mmHg)条件下保持15min后恢复常压，在水中放置0.5h后取出试件置于塑料袋中，加约10mL水，在-18℃±2℃条件下冷冻16h±1h，再将试件取出置于60℃±0.5℃的恒温水槽中保温24h，然后将两组试件浸入温度为25℃±0.5℃的恒温水槽中保温2h，取出试件后采用50mm/min的加载速率进行劈裂试验。

6.3 结果与讨论

6.3.1 TBM、BBM 改性沥青混合料马歇尔稳定度对比分析

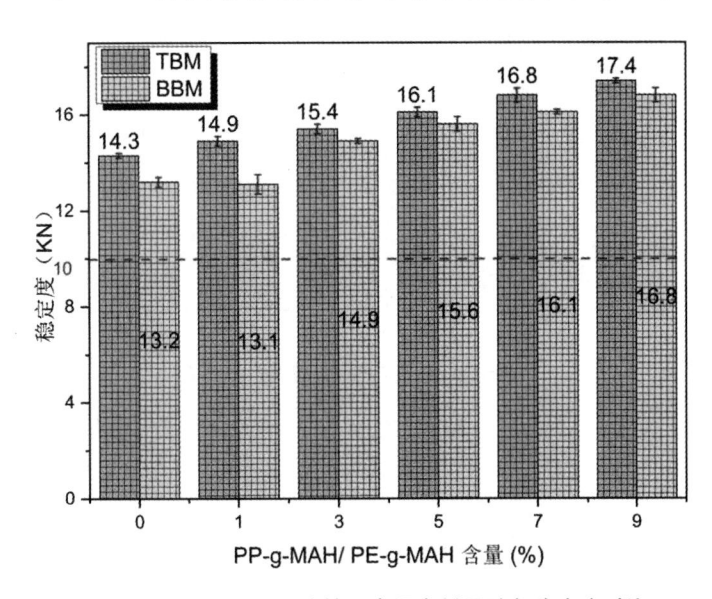

图 6-3 TBM、BBM 改性沥青混合料马歇尔稳定度对比

马歇尔稳定度试验设备操作相对简单，被广泛应用于评价改性沥青混合料高温稳定性。本书关于不同含量 PP-g-MAH、PE-g-MAH 对 TBM、BBM 改性沥青混合马歇尔稳定度与流值变化见图 6-3、图 6-4。

从图 6-3 可知，实验范围内添加 PP-g-MAH、PE-g-MAH 后对应的 TBM、BBM 改性沥青混合料马歇尔稳定度均满足不小于 10KN 指标要求，且随着添加量增加马歇尔稳定度均增加。对于相同 PP-g-MAH、PE-g-MAH 含量下，TBM 改性沥青混合料马歇尔稳定度大于 BBM 改性沥青混合料，增加比例在 3.21%~13.74% 之间。从图 6-4 可知，实验范围内马歇尔流值均满足 20~40(0.1mm) 指标要求，且随着 PP-g-MAH、PE-g-MAH 含量的增加，TBM、BBM 改性沥青混合料流值均有所下降，但在相同含量下后者流值略大于前者，增加比例在 1.56%~5.35%。这一现象表明 PP-g-MAH、PE-g-MAH 的加入改善了改性沥青混合料强度效果显著，且 RPE/RPP/PP-g-MAH 共混物复合改性剂 TBM 对改性沥青混合料高温稳定性优于 RPE/PE-g-MAH 共混物复合改性剂 BBM，这与 PP-g-MAH、PE-g-MAH 二者对 TBM、BBM 改性沥青针入度、软化点影响相吻合。

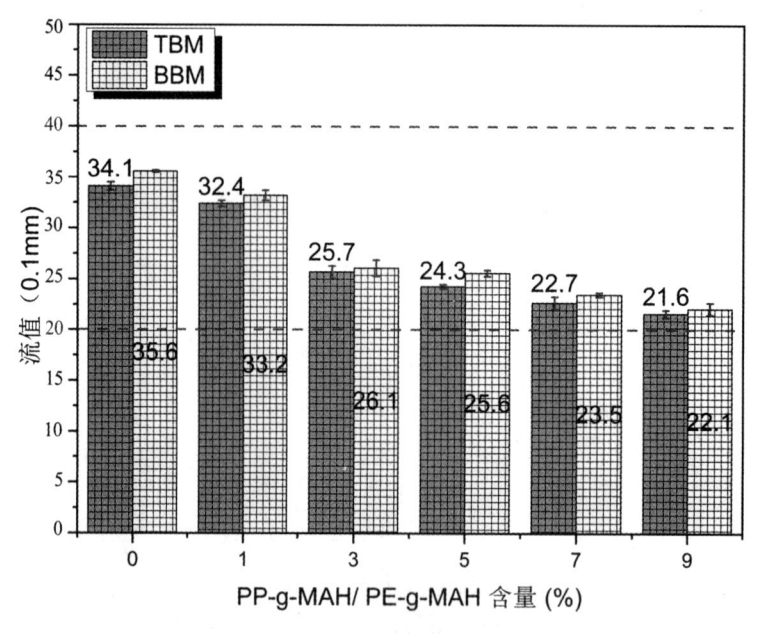

图 6-4 TBM、BBM 改性沥青混合料马歇尔流值对比

6.3.2　TBM、BBM 改性沥青混合料高温稳定性对比分析

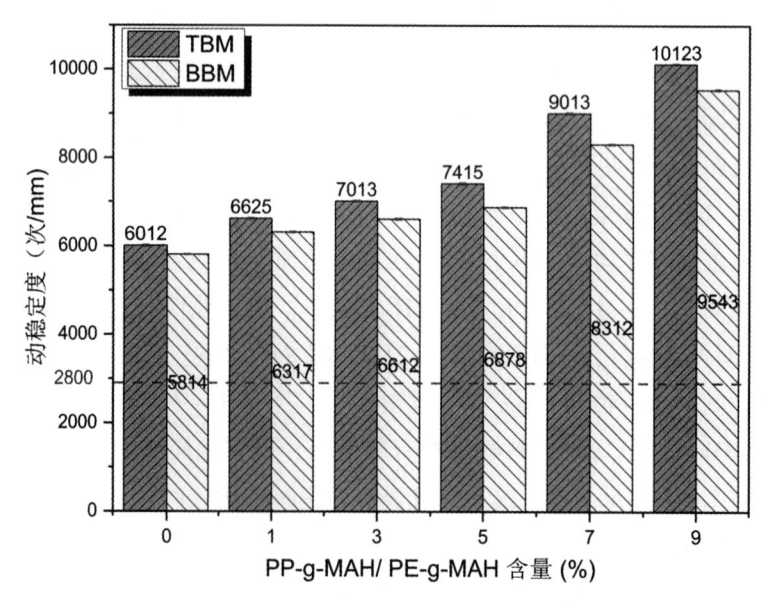

图 6-5 TBM、BBM 改性沥青混合料高温性能对比

高温稳定性是沥青混合料路面在高温环境下抵抗变形的能力,是确保路面行驶安全、耐久性的重要技术指标之一。对改性沥青混合料高温稳定性评价方法较多,具体有环道法、维姆稳定度、动态剪切法、三轴试验法、车辙试验法、马歇尔试验法、蠕变法等[220]。综合分析各个评价方法的优缺点,本书采用车辙试验法,该方法能用室内试验更为准确模拟实际车辆荷载对路面产生车辙的形成过程,经测试所得试验数据见图6-5。

从图6-5不同含量PP-g-MAH、PE-g-MAH对TBM、BBM改性沥青混合料高温性能对比实验数据变化趋势可以看出,对应改性沥青混合料动稳定度值均随增溶剂含量增加而增加。且与BBM混合料相比,TBM改性沥青混合料高温性能优于BBM混合料,在0%含量时,增加比例3.41%,随后逐渐增大,在7%时达最大值为8.43%,在7%~9%时开始逐渐降低,在9%时为6.08%。可能的原因在于,其一:对于改性剂制备机理而言,BBM是RPE与PE-g-MAH是通过物理缠结作用"增容"(图5-2),二者之间界面作用相对较弱,进而影响到BBM材料的力学性能。TBM则不同,是物理与化学作用共同存在,材料之间界面模糊,相容性明显改善(图3-3、图3-4),而材料力学性能对改性沥青混合料动稳定度影响显著。其二:对于改性剂与集料、沥青作用机理而言,因TBM通过物理、化学作用所形成的网络结构较BBM更为复杂(图5-2、图4-12),这种网络结构在沥青混合料中吸附沥青轻组分溶胀,使得改性剂颗粒之间相互接触,构成塑料网络结构起到增强作用。同时相对剩余的沥青质、胶质有利于改善与集料的相互作用力等多重作用提升了改性沥青混合料的高温性能,该机理已有相关文献报道[221,222]。

6.3.3 TBM、BBM改性沥青混合料低温抗裂性能对比分析

以PE改性沥青混合料为例,低温下干拌和工艺断裂能大于湿拌和工艺,变化规律如图1-10所示,该结论表明PE塑料改性沥青混合料干拌和工艺低温抗裂性能优于湿拌和工艺,可能与两种改性工艺对于改性剂与集料、沥青之间的作用方式不同有关。TBM、BBM改性沥青混合料的低温性能受诸如基质沥青性能、集料及其配合比设计、使用环境、交通状况等因素影响[223]。本实验仅分析不同含量PP-g-MAH、PE-g-MAH对TBM、BBM改性沥青混合料最大弯拉应变、抗弯拉强度影响,测试结果见图6-6、图6-7。

从图6-6可知,在干拌和工艺条件下,实验范围内TBM、BBM改性沥青混合料最大弯拉应变在PP-g-MAH、PE-g-MAH含量均大于7%时满足标准要求($\geqslant 2500\mu\varepsilon$)。与未添加PP-g-MAH、PE-g-MAH相比,TBM改性沥青混合料最大增幅32.04%,BBM改性沥青混合料最大增幅32.26%。且PP-g-MAH、PE-g-MAH含量相同下,BBM改性沥青混合料最大弯拉应变均大于TBM改性沥青混合料。对于PP-g-MAH、PE-g-MAH含量对TBM、BBM改性沥青混合料抗弯拉强度影响见图6-7,从图可知,随着PE-g-MAH含量的增加BBM改性沥青混合料的抗弯拉强度增加,但增加幅度较小。而对于TBM改性沥

混合料当 PP-g-MAH 含量大于 7%抗弯拉强度保持不变,这说明对于改性沥青低温性能方面 BBM 优于 TBM,且在 PP-g-MAH、PE-g-MAH 添加有利于改善改性沥青混合料低温性能。可能的原因在于,相比较而言,BBM 改性沥青低温性能优于 TBM(详见 4.3.7、5.3.6)。这说明合理含量 PP-g-MAH、PE-g-MAH 两种改性剂均对改性沥青混合料低温性能有积极影响,且 BBM 改善效果要优于 TBM,但考虑到制备成本,需合理控制 PE-g-MAH、PP-g-MAH 在改性剂中的占比。

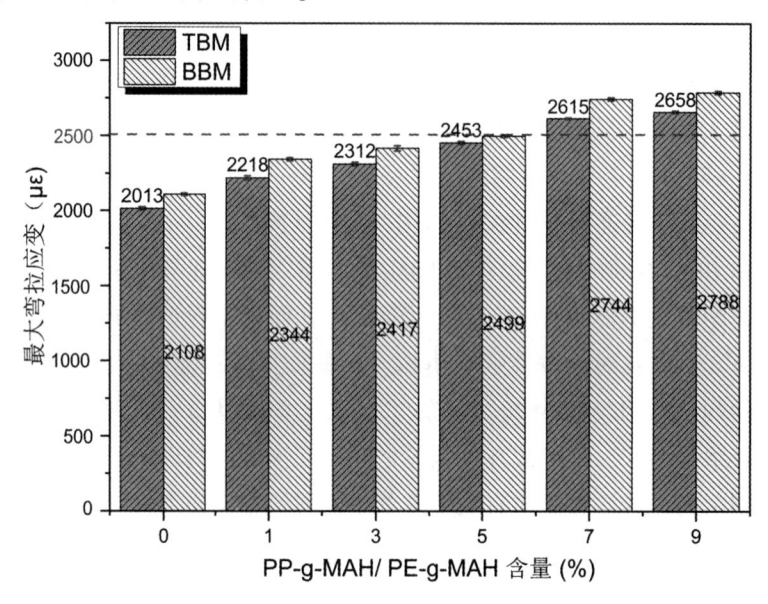

图 6-6 TBM、BBM 改性沥青混合料最大弯拉应变对比

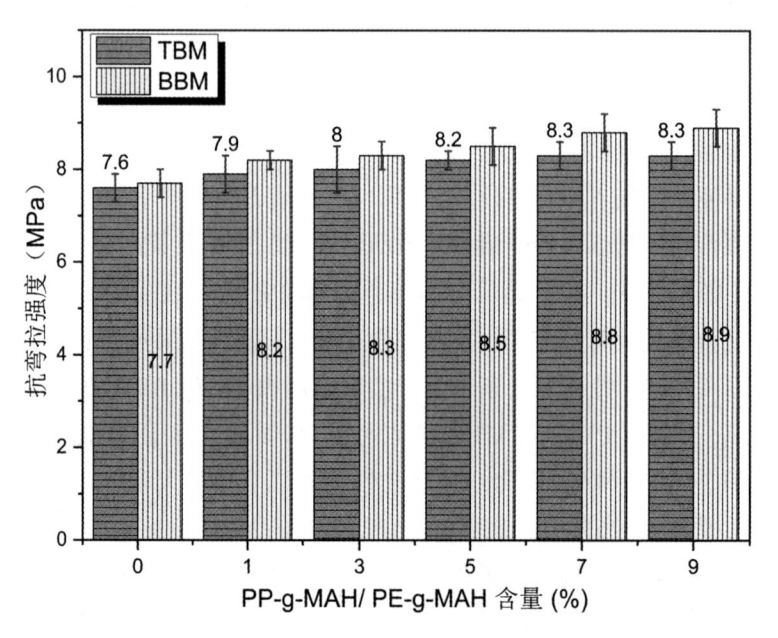

图 6-7 TBM、BBM 改性沥青混合料抗弯拉强度对比

6.3.4 TBM、BBM改性沥青混合料水稳定性性能对比分析

水损害是沥青路面最常见的病害之一，严重影响行驶安全及路面的使用寿命，产生水损害的原因有很多，主要有路面车载反复作用、动水压力以及环境温度变化所引起的冻融作用等使沥青膜从集料表面中脱落。目前评价水损害(水稳定性)方法很多，本节选用浸水马歇尔试验和冻融劈裂试验，以试件的浸水残留稳定度与冻融残留稳定度作为评价指标，实验结果见图6-8、图6-9所示。

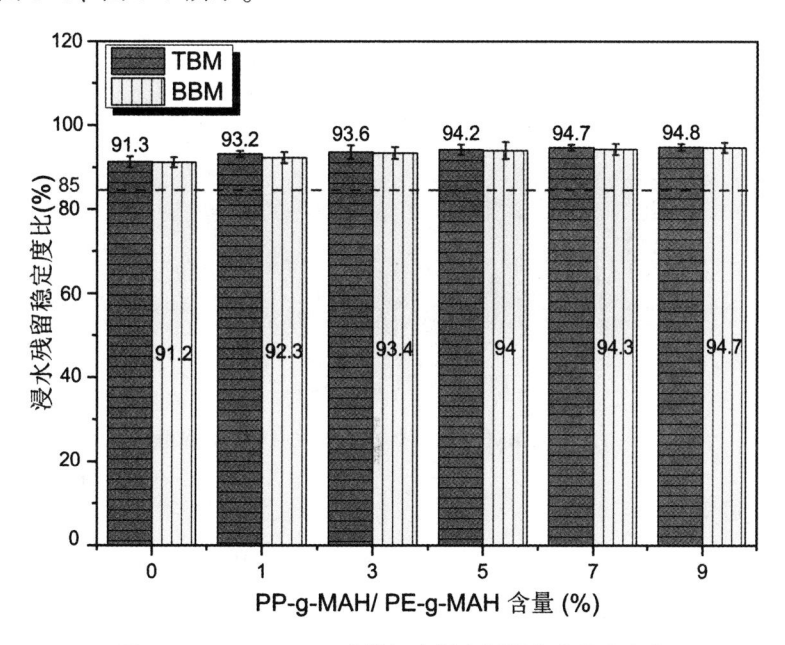

图6-8 TBM、BBM改性沥青混合料浸水残留强度比

从图6-8可知，实验范围内TBM、BBM改性沥青混合料浸水残留稳定度值均满足标准要求(≥85%)，且在0%~7%含量时，随着PP-g-MAH、PE-g-MAH含量增加其值增加幅度较大，随后增加放缓，从整体变化规律看，PP-g-MAH含量对TBM改性沥青混合料浸水残留稳定度值略优于PE-g-MAH对BBM改性沥青混合料浸水残留稳定度值。浸水残留稳定度的提升与TBM、BBM在混合料中或沥青中所形成的网络结构与改性剂在混合料中的填隙效果有较大的关系[224]。产生这种变化的原因可能在于：首先从TBM与BBM制备机理分析，前者是PP相似链结构之间的物理缠结作用与PP-g-MAH中活性基团MAH与RPP、RPE中老化所产生的-OH基团之间化学作用共同结果，而后者因RPE老化时间较短，产生活性基团相对较少，BBM主要是通过PE相似链段之间的物理缠结作用，因此，从网络结构角度分析，BBM相对简单，对集料"加筋、加固"作用，以及与基质沥

青之间这种结构作用力相对较弱。另一方面，RPP 老化后主要是分子链断裂，而 RPE 则是先分子链断裂后发生交联，因此，相比较而言，PP-g-MAH 改性后的 TBM 流动性要优于 PE-g-MAH 改性后的 BBM，这将导致在集料熔融后 TBM 填充集料空隙的能力优于 BBM，使得沥青或改性沥青膜与集粘附性增强，从而改善了改性沥青混合料的水稳定性。

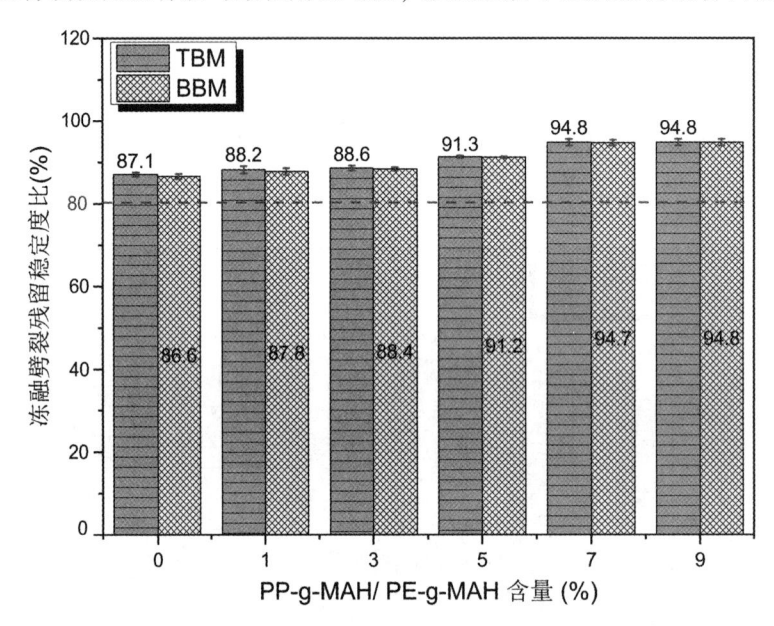

图6-9 TBM、BBM 改性沥青混合料冻融劈裂残留强度比对比

从图 6-9 可知，在实验范围内，TBM、BBM 改性沥青混合料冻融劈裂残留强度比均满足指标要求(≥80%)。且同比例 PP-g-MAH、PE-g-MAH 含量条件下，PP-g-MAH 含量对 TBM 改性沥青混合料冻融劈裂残留稳定度比略大于 PE-g-MAH 含量对 BBM 改性沥青混合料冻融劈裂残留稳定度比，且二者差值随着相容剂含量的增加逐渐减小，当含量大于 7%，二者差值不变(恒为 0.1%)，说明随着相容剂含量的增加，PP-g-MAH、PE-g-MAH 含量对 TBM、BBM 改性沥青混合料冻融劈裂残留强度比影响逐渐相同。可能的原因，随着相容剂含量的增加，TBM、BBM 所形成的网络结构逐渐趋于"完善"，对基质沥青中轻组分吸附及与其活性基团相互作用"饱和"，进而对改性沥青混合料中集料、沥青相互作用达到平衡状态，因而 TBM、BBM 改性沥青混合料冻融劈裂残留强度比几乎相等。综上分析表明，合理含量的 PP-g-MAH、PE-g-MAH 对 TBM、BBM 改性沥青混合料水稳定性有积极影响。

6.4 本章小结

本章在分析并确定基质沥青混合料配合比基础上,研究了不同含量PP-g-MAH、PE-g-MAH对TBM、BBM改性沥青混合料马歇尔稳定度、高温稳定性能、低温抗裂性能、水稳定性能的影响,全面对比评价了TBM、BBM两类改性沥青混合料路用服役行为,主要结论如下:

(1)在PP-g-MAH、PE-g-MAH含量相同情况下,TBM改性沥青混合料的马歇尔稳定度优于BBM改性沥青混合料,流值则相反。且随着PP-g-MAH、PE-g-MAH含量增加,对应改性沥青混合料马歇尔稳定度增加,流值则降低。说明两类改性剂对改性沥青混合料强度改善显著,但相比较而言,TBM更为明显。

(2)在高温性能方面,PP-g-MAH、PE-g-MAH明显改善了TBM、BBM改性沥青混合料高温抗车辙性能,且均随着其含量的增加而增加,在9%含量时均达到最大值,且前者是后者的1.06倍。在实验范围内两类改性沥青混合料抗车辙性能均远高于2800次/mm要求。但相比较而言,TBM改性沥青混合料高温抗车辙性能更优。

(3)在低温抗裂性能方面,当PP-g-MAH、PE-g-MAH含量均不小于7%时,TBM、BBM改性沥青混合料低温抗裂性能满足最大弯拉应变标准要求。相比较而言,在实验范围内,PP-g-MAH、PE-g-MAH相同含量条件下,BBM改性沥青混合料低温抗裂性能明显优于TBM。

(4)在水稳定性方面,TBM、BBM改性沥青混合料浸水残留稳定度比、冻融劈裂残留强度比均满足标准要求。在实验范围内,PP-g-MAH含量对TBM改性沥青混合料水稳定性略优于PE-g-MAH含量对BBM改性沥青混合料,且随着PP-g-MAH、PE-g-MAH含量的增加,冻融劈裂残留强度比差距逐步减小。

第7章 TBM对改性沥青及其混合料性能影响研究

7.1 引言

最新相关综述文献[64]在分析总结RPE/RPP共混体系的增容改性研究进展中指出，尽管国内外相关研究人员对于二者共混改性研究已开展了大量工作，取得了不少研究成果，但对于大规模、工业化、高效率回收再利用RPE/RPP仍存在巨大的挑战。可能的原因在于，废弃聚烯烃类RPE/RPP共混改性对原材料纯度要求较高，而实际情况是原材料来源渠道混杂，老化程度不一，导致其性能稳定性存在差异性等因素使得工业化应用进展缓慢，进而也影响到废弃RPE/RPP制备以及在改性沥青及其混合料中的实际工程应用。

本章在第六章关于不同含量PP-g-MAH、PE-g-MAH对TBM、BBM改性沥青混合路用性能对比分析基础上，结合成本分析，最终确定RPE/RPP/PP-g-MAH配比为6∶4∶0.7(质量比)为工业化生产配方。所采取的工业化生产工艺为双螺杆挤出造粒技术，该设备使得原材料RPE、RPP及PP-g-MAH在螺杆剪切、捏合等机械力作用下，同时伴随化学反应。应用分区加料的方式，通过共混改性制得性能稳定的TBM，从而为后续改性沥青、干拌和法改性沥青混合料及实体工程应用奠定基础。为了实体工程推广应用，提升产品的品牌效应，在委托外围送检及市场推广过程中将TBM名称更改为"德路加D-Ⅱ抗辙裂剂"，详见附录(检测报告)。

7.2 原材料

(1) TBM 原材料：RPE、RPP 原材料型号及来源信息见表 2-1；PP-g-MAH 原材料主要技术指标见表 3-1。
(2) 沥青：相关技术指标详见表 4-1。
(3) 集料：粗、细集料相关测试结果分别见表 6-1 和表 6-2，均符合标准要求。
(4) 矿粉：相关测试结果见表 6-3，符合标准要求。

7.3 TBM 制备及性能测试

7.3.1 主要生产设备

TBM 工业化生产所用主要设备（除自制设备外）及其型号、生产厂家见表 7-1。

表 7-1 主要生产设备

设备名称	型号	数量	生产厂家
高速混合机	SHR-500L	2 台	张家港市全速机械制造厂
单螺杆螺旋智能投料机	600 型	2 台	张家港市旭超机械有限公司
平行同向双螺杆挤出机组	SHJ-72	1 台	南京杰恩特机电有限公司
平行同向双螺杆挤出机组	CTE-75	1 台	南京科贝隆设备有限公司
冷却塔	$DBNL_3$-50	2 台	河北三阳盛业玻璃钢有限公司
碳钢单层电子地磅秤(1T)	SCS-P771-NN-1-8080	2 台	上海亚津电子科技有限公司
电动叉车(2T)	FE4P20Q	1 台	诺力智能装备股份有限公司
喷淋塔	DN1500×3500mm	1 套	山西迪卡斯环保设备有限公司
水雾分离装置	2500×1100×1300mm		山西迪卡斯环保设备有限公司
蜂窝式电捕焦油装置	2010×1850×8500mm		山西迪卡斯环保设备有限公司
1 万风量催化燃烧设备	5000×1800×3000mm		山西迪卡斯环保设备有限公司

7.3.2 主要测试仪器

除表2-2、3-2、4-2、6-4所列TBM、TBM改性沥青及其混合料制备及测试分析所需的仪器、设备外,本章实验所用主要仪器设备(除自制设备)及其型号、生产厂家见表7-2。

表7-2 主要测试仪器

仪器名称	型号	生产厂家
全自动沥青抽提仪	SYD-0722A	上海昌吉地质仪器有限公司
维卡软化点温度测定仪	XRW-300HB	厦门崇达智能科技有限公司研究所

7.3.3 生产配方

TBM工业化生产配方为RPE∶RPP∶PP-g-MAH=6∶4∶0.7(质量比)。

7.3.4 生产工艺

按配方称取各组份,将RPE/PP-g-MAH按比例称取335kg/次(其中RPE:300kg;PP-g-MAH:35kg)加入高速混合机中进行混合,混合工艺为:低速750~1200r/min运行8~10min,高速1600~2000r/min运行3~6min,混合均匀后用单螺杆螺旋智能投料机提升进入双螺杆挤出机料仓A(见图7-1),RPP称取200kg采用单螺杆螺旋智能投加入到料仓B(见图7-1),A、B料仓喂料速度$V_A∶V_B=1.675∶1$(质量比),在175~190℃下挤出直径为2~4min的柱状产品并经循环冷却水冷却后,依次经吹干、切粒、包装。

图7-1 平行同向双螺杆挤出机(SHJ-72)

对于各温区温度控制至关重要,双螺杆挤出机温度过低不利用原材料的均匀分散,进而影响共混物材料性能,如果温度过高,容易使原材料发生降解变色,产生过多的废气、废料[225]。具体各区温度控制如下表7-3,每个区的温度由热电偶传感器来精确控制,精确度为0.5℃,待温度稳定1小时后开始投料进行生产。TBM工业化生产现场如图7-2所示,其中图7-2(a)为TBM从挤出机进入冷却系统,图7-2(b)为TBM经冷却系统、烘干系统、切粒系统,最后进入料仓包装。

表7-3 各区温度控制信息(从料仓A至机头顺序)

一区	二区	三区	四区	五区	六区	七区	八区	九区	机头
175~180℃	180~190℃	180~190℃	180~190℃	185~195℃	185~195℃	180~190℃	180~190℃	175~190℃	175~190℃

7.3.5 TBM性能测试

图7-2 冷却~包装工艺生产现场(SHJ-72)

TBM库存产品及样品见图7-3,TBM相关检测依据山西省交通科学研究制定相关标准[104],经测试满足标准要求,具体检测信息如下表7-4。

图7-3 TBM产品(a)和TBM样品(b)

表 7-4　TBM 物理性能指标

项　　目	技术要求	检测值
外观	色泽均匀、颗粒饱满、无结块	色泽均匀、颗粒饱满、无结块
粒径(最大直径)/(mm)	≤4.0	3.0
密度/(g·cm^{-3})	0.90~1.10	0.98
含水率(%)	≤0.2	0.1
维卡软化点(℃)	130~170	142
熔融指数/(g/10min)	1.0~10.0	9.1
灰分含量(%)	≤5.0	2.1

7.4　TBM 改性沥青及其混合料样品制备与测试方法

(1) 样品制备

不同含量 TBM 改性沥青样品制备方法参照 4.2.3 进行。不同 TBM 改性沥青混合料样品制备参照 6.2.3，通过干拌和工艺，并添加 0.0%(AC-20)、0.2%、0.3%、0.4%、0.5%含量的 TBM(以基质沥青混合料总质量计)制备改性沥青混合料。

(2) 测试方法

不同含量 TBM 改性沥青常规指标软化点、针入度(15℃、25℃、30℃)、PI、T_{800}、$T_{1.2}$、延度(10℃、15℃)、黏度可按照 JTG E20-2011《公路工程沥青及沥青混合料试验规程》[191]相关要求与 4.2.4 进行测试。

不同含量 TBM 改性沥青高温存储稳定性，选择 1%、5%、9%、13%含量的 4 个样品喷金处理，在扫描电子显微镜下观察其微观形貌，加速电压为 5KV，放大倍数为 5000×。

不同含量 TBM 改性沥青混合料样品马歇尔稳定度、高温性能、低温抗裂性能、水稳定性能测试方法参照 6.2.4 并严格按照 JTG E20-2011《公路工程沥青及沥青混合料试验规程》[191]执行。

关于不同含量 TBM 改性沥青混合料样品抗老化性能测试方法，通过选取不同 TBM 添加量、不同老化温度、不同老化时间模拟不同拌和、施工及应用场景。参照 6.2.4 测试方法及 JTG E20-2011《公路工程沥青及沥青混合料试验规程》[191]中关于改性沥青混合料低温弯曲破坏试验测试抗弯拉强度、最大弯拉应变对老化后沥青混合料抗裂性能进行对比分析评价。

7.5 结果与讨论

7.5.1 TBM含量对改性沥青常规技术指标影响分析

TBM由于其制备成分中含有塑料(RPE、RPP)成分，因此对不同含量TBM改性沥青的三大指标及黏度等常规技术参数会有不同于基质沥青的变化，为了确保TBM改性沥青体系相容性较好，采用高速剪切分散设备，测试结果见表7-5、表7-6。对于实验温度条件下的针入度值随着TBM含量增加而降低，且随着温度升高，降低幅度增加，分别为16.3%、42.5%、45.3%，说明随着温度的升高，温度对TBM改性沥青针入度的影响逐渐增强。在相同温度下，随着TBM含量的增加针入度指数变大，TBM改性沥青的温度敏感性降低。而随着TBM含量的增加当量脆点$T_{1.2}$则降低，说明TBM的增加有利于改善改性沥青低温抗裂性能。对于软化点及当量软化点T_{800}均随着TBM含量的增加而逐渐增加，且在1%~5%含量之间影响较为明显，随后变化较为平缓，说明一定含量的TBM明显改善了改性沥青的高温抗车辙性能。从表7-5可知针入度、PI、T_{800}、$T_{1.2}$、延度、软化点各项指标在1%~5%之间时变化显著，在5%~9%之间时变化减弱，可能的原因在于TBM在较低含量区间逐渐增大时，TBM分子链网络结构与沥青中轻组分之间的相互作用逐渐增强且在5%时达到较为稳定的有效融合，当其含量在较高区间逐渐再增加时，二者之间有效融合被破坏，进而对TBM改性沥青的上述指标影响减弱[194]。

同一温度下，随着TBM含量的增加TBM改性沥青的黏度增加，如在115℃时，对应的TBM改性沥青黏度分别增加7.86%、22.14%、24.29%、60.71%，这一变化规律与RODRIGUES J A S D 等人[226]对于不同含量RPE对改性沥青黏度影响变化规律相一致。同TBM含量下温度升高TBM改性沥青的黏度降低，在175℃高温时TBM含量对改性沥青黏度影响效果不明显，此时，与1%TBM含量改性沥青黏度相比，5%、9%、13%含量时对应黏度分别增加12.50%、12.50%、12.50%，说明随着温度的升高，温度对TBM改性沥青黏度的影响逐渐占据主导地位。

表 7-5 不同 TBM 含量改性沥青的常规指标测试值

项目	针入度(0.1mm) 15℃	25℃	30℃	PI	T_{800}	$T_{1.2}$	延度(cm) 10℃	15℃	软化点(℃)
90#基质沥青	25.2	89.0	146.5	-1.665	43.661	-10.747	56.9	>150	54.0
1%	23.8	75.1	123.7	-1.653	44.338	-12.729	18.3	88.0	72.6
5%	23.5	62.1	97.3	-0.210	52.050	-16.344	11.9	22.6	87.3
9%	23.3	59.1	90.8	0.079	53.793	-17.643	10.8	20.5	88.9
13%	21.1	51.2	80.2	0.233	55.872	-17.817	9.2	19.2	90.4

表 7-6 不同 TBM 含量改性沥青的黏度测试值

项目	单位	90#基质沥青	1%	5%	9%	13%
115℃		1.40	1.51	1.71	1.74	2.25
135℃	Pa·s	0.40	0.43	0.50	0.52	0.60
155℃		0.17	0.19	0.19	0.20	0.22
175℃		0.08	0.08	0.09	0.10	0.11

7.5.2 TBM 含量对改性沥青微观形貌分析

图 7-4 为不同含量 TBM 改性沥青微观形貌变化。由图可知，随着 TBM 含量的增加，TBM 在基质沥青中的溶解度逐渐减弱，尤其在图 7-4(c)和图 7-4(d)已经明显看到 TBM 有部分颗粒析出。可能的原因在于，一方面 TBM 与基质沥青均属于碳氢化合物，且 TBM 改性沥青的制备温度 170~180℃(详见 4.2.3)超过了 TBM 中主要原材料 RPE、RPP 的熔点[T_{m1}(RPE)= 124.92℃，T_{m2}(RPP)= 160.38℃，详见图 3-6、表 3-4]，满足相容性原理的要求[227]。另一方面，从 3.3.5 中 PP-g-MAH 含量对 TBM 的 DSC 熔融曲线分析可知，在 7%含量 PP-g-MAH 时，PP-g-MAH 与 RPP 中的-OH 反应基本完成，使得 RPP 分子链规整度降低，结晶度下降，而 PP-g-MAH 对 RPE 规整度影响不明显，使得 TBM 分子链内部之间作用力减弱有利于基质沥青中轻组分进入 TBM 分子链内部，吸收轻组分后的 TBM

分子链展开,然后在剪切搅拌作用下均匀分散与基质沥青中。但随着 TBM 含量的增加吸附作用逐渐饱和,开始有 TBM 析出。因此 TBM 改性沥青需要有合理的添加量可确保其性能,在一定程度上也印证了 7.5.3 中关于 TBM 在基质沥青中的溶解性特点,同时也与 4.3.3 中关于 PP-g-MAH 含量对 TBM 改性沥青高温储存稳定性分析中所发现的规律相一致。

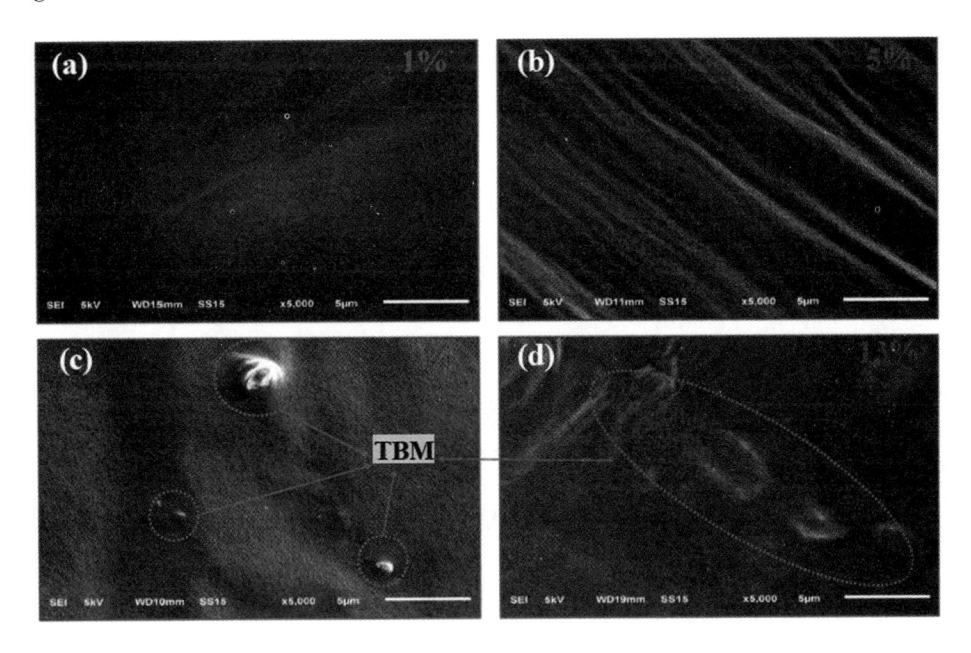

图 7-4 不同含量 TBM 改性沥青微观形貌

7.5.3 TBM 在改性沥青混合料中溶解率分析

如果 TBM 中的一部分成分能够与沥青发生相互作用,那么这些成分应该能够溶解与沥青中。据此原理,根据 JTG E20-2011《公路工程沥青及沥青混合料试验规程》中的 T 0722-1993《沥青混合料中沥青含量试验(离心分离法)》测试方法[191],取 TBM 掺量为沥青混合料质量的 0.2%、0.4%,油石比 4.5%,每组试验进行三个平行实验,沥青(m_1, g),TBM(m_2, g)(每个试验配料总重 1250g~1260g 之间,计为 m_3, g)。应用 SYD-0722A 全自动沥青抽提仪,进行分离沥青、集料、矿粉及未溶解 TBM,并通过计算确定 TBM 改性剂在基质沥青中溶解率,相关计算公式见 7-1,测试结果见表 7-7 所示。

$$W_t = (m_3 - m_1 - m_4 - m_5) \div m_2 \times 100\% \tag{7-1}$$

式中:W_t——TBM 溶于沥青的比例,%;
m_1——测试样沥中沥青组分的质量,g;
m_2——测试样中 TBM 的质量,g;
m_3——测试样总质量,g;

m_4——离心机容器内干燥后集料等的质量，g；

m_5——回收液提取的干燥后的矿粉等质量，g。

表 7-7 TBM 溶于沥青的实验结果

序号	TBM 含量	m_1 (g)	m_2 (g)	m_3 (g)	m_4 (g)	m_5 (g)	W_t (%)	$\overline{W_t}$ (%)
1		52.8	2.51	1255.31	1143.0	58.8	28.3	
2	0.2%	52.7	2.51	1255.21	1143.8	57.9	32.3	31.0
3		52.8	2.51	1255.31	1143.2	58.5	32.3	
4		52.8	5.02	1257.7	1144.0	59.0	37.8	
5	0.4%	52.8	5.02	1257.8	1144.5	58.9	31.8	35.8
6		52.8	5.02	1257.6	1144.3	58.6	37.8	

从表 7-7 测试结果对比分析可知，尽管由抽提试验计算所得 TBM 在基质沥青中溶解比率存在一定的变异性，但可以看出，TBM 只是部分溶解于基质沥青中。在本试验测试范围内，当 TBM 含量占基质沥青混合料质量的 0.2%~0.4%时，TBM 溶于沥青的比例在 31.0%~35.8%之间，且随着 TBM 含量的增加，溶解率增加。进一步说明 TBM 影响沥青混合料的性能可能来自对沥青胶结料性能的改善和对沥青混合料结构的双重作用的结果。

7.5.4 TBM 在改性沥青混合料中形态分析

TBM 在沥青混合料中与集料、沥青等发生较为复杂的相互作用，而且 TBM 改性沥青混合料冷却后柔韧性差，不利于变形。因此，用现有观测手段不一定能够真实反应其内部各组分形态。而且用外力作用方式进行分离，容易使 TBM 的形态发生变化，从而使获得数据不具有代表性，更不能反应 TBM 在改性沥青混合料中真实状态。因此，考虑采取溶剂溶解方法提取 TBM

由于 TBM 不溶于三氯乙烯，为了证实其溶解性，进行了 TBM 在三氯乙烯中不同时间段的溶解性对比，对照图片见图 7-5。从图可知 TBM 在三氯乙烯溶解 10 分钟时与 48 小时溶剂颜色未发生变化，说明 TBM 不溶于三氯乙烯中。而沥青可在三氯乙烯中溶解已有文献及相关测试标准[228,229]。因此，可采用抽提的实验方法先将混合料中的沥青溶解，使混合料中各组分能够相互分离，然后通过观察并将 TBM 的变形体分选出来。

图 7-5　TBM 在三氯乙烯中溶解性对照图：(a)浸泡 10 分钟，(b)浸泡 48 小时

具体不同拌合时间下分选出的 TBM 形态如图 7-6 所示。由图可知，TBM 颗粒加入沥青混合料中经热拌和(集料剪切作用)、碾压成型后发生形态变化，逐渐由圆柱体颗粒状过渡到具有一定长度、宽度和厚度的不规则体，且表面粗糙度明显增加，与原颗粒状相比，比表面积显著增加。结合材料力学分析，TBM 变形体比表面积的增大，导致其与改性沥青混合料中的基质沥青、集料作用几率及面积增大，对基质沥青的改性作用增强，与此同时，这种长条状絮丝物形态，更容易在改性沥青混合料中对集料起到加筋作用，可有效改善改性沥青混合料的低温抗裂性能。因此，拌和时间对 TBM 改性沥青混合料的性能有较大影响。

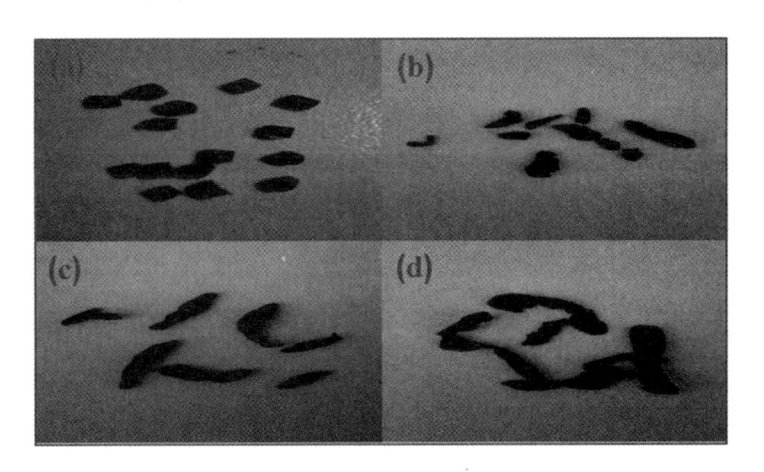

图 7-6　不同拌和时间下 TBM 在沥青混合料中的形态：(a)0s，(b)90s，(c)180s，(d)270s

7.5.5　TBM 改性沥青混合料湿拌和时间对动稳定度影响分析

在干拌和工艺条件下，TBM 改性沥青混合料若湿拌和时间过长会降低拌合楼产量，增

加施工成本，同时在拌和温度过高的条件下，湿拌和时间过长会导致沥青老化，严重影响混合料性能及使用寿命。湿拌和时间过短又不能保证 TBM 有充分的时间在混合料中的均匀分散以及与基质沥青、集料之间的相互作用。干拌和时间由实验室试拌和确定为 30s，因 TBM 属于颗粒状高分子复合材料，其熔融需要时间，干拌和时间太短，TBM 部分或全部以颗粒状存在，严重影响其使用效果。本实验选取湿拌时间分别为：150s、180s、210s、240s，TBM 添加量为基质沥青混合料质量的 0.4% 进行研究。实验过程严格按照 JTG E20-2011《公路工程沥青及沥青混合料试验规程》[191] 中 T0719-2011 中试验规定进行。本试验主要参数为，湿拌和温度：170~180℃；成型温度：160~165℃；车辙试验温度：60℃。

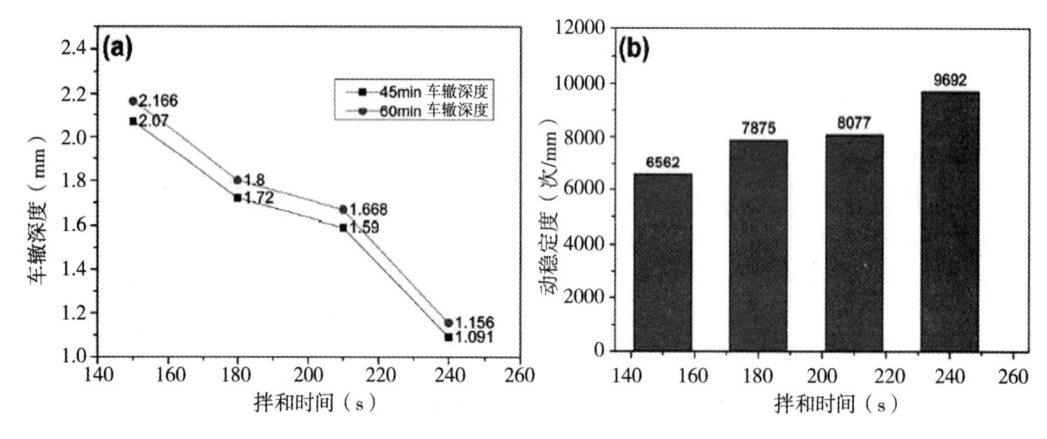

图 7-7　不同拌和时间车辙试验 (a) 车辙深度；(b) 动稳定度

不同湿拌和时间 TBM 改性沥青混合料的车辙试验结果见图 7-7。结果分析表明，随着湿拌和时间的增加，混合料的高温稳定性逐渐增强，而 45min 和 60min 车辙深度则减小，且动稳定度满足 JTG F40—2004《公路沥青路面施工技术规范》[219] 对改性沥青车辙动稳定度的要求(>2800 次/mm)。可能的原因在于，相同的拌和温度下，随着湿拌和时间越长，TBM 在混合料中分散均匀性得到改善，与基质沥青通过部分溶解形成的胶结作用以及在集料剪切力作用下所形成的加筋作用效果越显著，从而改善了 TBM 改性沥青混合料抗变形能力。湿拌和时间为 150s 和 180s 时，动稳定度增加明显，增加 20.0%；湿拌和时间为 180s 和 210s 时，动稳定度相差不大，仅增加 2.6%；湿拌和时间为 210s 和 240s 时，时动稳定度增加 20.0%。这说明在上述湿拌和时间实验范围内，动稳定度随湿拌和时间存在开始和结束变化快，中间变化较慢的状况，产生这一现象的原因可能在于，尽管 TBM 软化点 142℃(见表 7-4)低于上述拌和温度 170~180℃，但由于 TBM 属于颗粒状高分子混合物，其长径比与原材料组分 RPE、RPP、PP-g-MAH、拌和时间等对熔融状态存在不同程度影响，最终影响到 TBM 改性沥青混合料动稳定度。考虑到沥青老化对应用性能影响以及拌和时间增加无疑加大生产成本，因此，建议 TBM 湿拌和时间不得低于 180s，这为工程应用提供实验依据。

7.5.6　TBM 改性沥青混合料拌和温度对动稳定度影响分析

在干拌和工艺条件下，TBM 改性沥青混合料如果拌和温度过低不利于 TBM 均匀分散与集料加筋效果，可能对混合料低温性能产生不利影响。如果拌和温度过高，则影响沥青老化并增加施工成本。根据施工经验，确定实验采用的拌和温度为 160℃、170℃、180℃、190℃，TBM 添加量为基质沥青混合料质量的 0.4% 进行研究不同拌和温度下 TBM 改性沥青混合料的高温性能。本试验主要拌和参数为，干拌和时间：30s，湿拌和时间：180s；成型温度：160~165℃；车辙试验温度：60℃。

不同拌和温度下混合料的车辙试验结果见表 7-8。结果分析表明，在实验拌和温度下所测试的 TBM 改性沥青动稳定度均满足相关规范指标要求。且在实验条件下，拌和温度为 170℃时混合料的动稳定度最大(9000 次/mm)，变形量则最小，拌和温度为 160℃的动稳定度最小(5725 次/mm)，二者相比，下降 36.36%。可能原因在于，在相同的拌和时间下，拌和温度偏低时 TBM 在沥青混合料中未完全形成长条、扁平状"丝状物"，影响与集料、沥青之间的相互作用发挥。而当拌和温度超过 170℃后，随着拌和温度的增加动稳定度逐渐降低，与 170℃时相比，180℃时动稳定度下降 12.50%；与 180℃时相比，190℃时动稳定度下降 11.11%。可能的原因在于，从发生在 TBM 与基质沥青相互作用的改性沥青角度考虑，随着拌和温度升高，TBM 改性沥青的黏度降低(详见表 7-6)，由于集料表面固有的裂隙，会使得存在于裂隙附近的沥青或 TBM 熔融体在界面力的作用下产生毛细作用，并以液相状态被吸入集料裂隙中，导致集料之间的沥青或 TBM 量相对较少，粘结性能相对下降，易造成集料之间相对滑移或者是混合料的流动，在车辙荷载的反复作用下，使得 TBM 改性沥青混合料的网络结构发生破坏，导致压缩变形，动稳定度降低[230,231]。另一方面，从 TBM 在沥青混合料中的形态变化分析，可能随着温度的升高，且在拌和集料剪切力的作用下，TBM 形状逐渐从"长条状物"剪切成"短条状物"，不利于对集料形成相对稳定的网络加筋结构，从而导致动稳定度下降，但随着温度的升高这种影响是逐渐减弱的。

表 7-8　不同拌和温度下混合料的车辙试验结果

拌和温度(℃)	45min 变形(mm)	60min 变形(mm)	动稳定度(次/mm)
160	1.55	1.66	5727
170	1.51	1.58	9000

续表

拌和温度(℃)	45min 变形(mm)	60min 变形(mm)	动稳定度(次/mm)
180	1.63	1.71	7875
190	1.66	1.75	7000

7.5.7 TBM 含量对改性沥青混合料高温稳定性影响分析

表 7-9 不同含量 TBM 改性沥青混合料高温稳定性试验结果

混合料类型	45min 变形(mm)	60min 变形(mm)	动稳定度(次/mm)
普通 AC-20(0.0%TBM)	2.61	2.96	1800
AC-20+0.2%TBM	1.77	1.9	4846
AC-20+0.3%TBM	1.51	1.63	5250
AC-20+0.4%TBM	1.35	1.42	9000
AC-20+0.5%TBM	1.05	1.11	10500

高温车辙也是目前沥青混凝土路面较为常见的病害之一，根据试验规程对不同含量 TBM 改性沥青混合料(AC-20 型)进行 60℃条件下的车辙试验，其车辙深度对比见图 7-8 (a~e)，对应测试结果如表 7-9 示。由表可知，随着 TBM 含量的增加，45min、60min 车辙变形量逐渐减小，动稳定度逐渐增加，且其值均大于规范值要求(>2800)。与普通 AC-20 相比，0.2%含量的 TBM 改性沥青混合料动稳定度增加 169.2%，说明 TBM 的加入显著地提高了沥青混合料的动稳定度，但随后在 0.2%~0.3%之间时增加 8.3%；在 0.3%~0.4%之间时增加 71.4%；在 0.4%~0.5%之间时增加 16.7%，可能的原因在于干法拌和工艺，一方面是 TBM 首先与热料相互作用，对热集料起到粘结、裹附、加筋作用(如图 7-9 所示)，有利于动稳定的提升。另一方面，热基质沥青的加入与 TBM 之间也存在相互作用，TBM 空间网络结构可以吸收基质沥青中的轻组分，同时这种网络结构有利于 TBM 改性沥青黏性降低、弹性增加，使得其动稳定度增加[232]。至于添加 TBM 后，在 0.3%~0.4%含量时增加比例最为明显，可能的原因在于该含量下 TBM 与集料、基质沥青这种相互作用最佳，此后，随着 TBM 含量继续增加，则动稳定度增加放缓。总之，采用干法拌和工艺，TBM 的加入及其合理含量显著改善了 TBM 改性沥青的高温稳定性能。

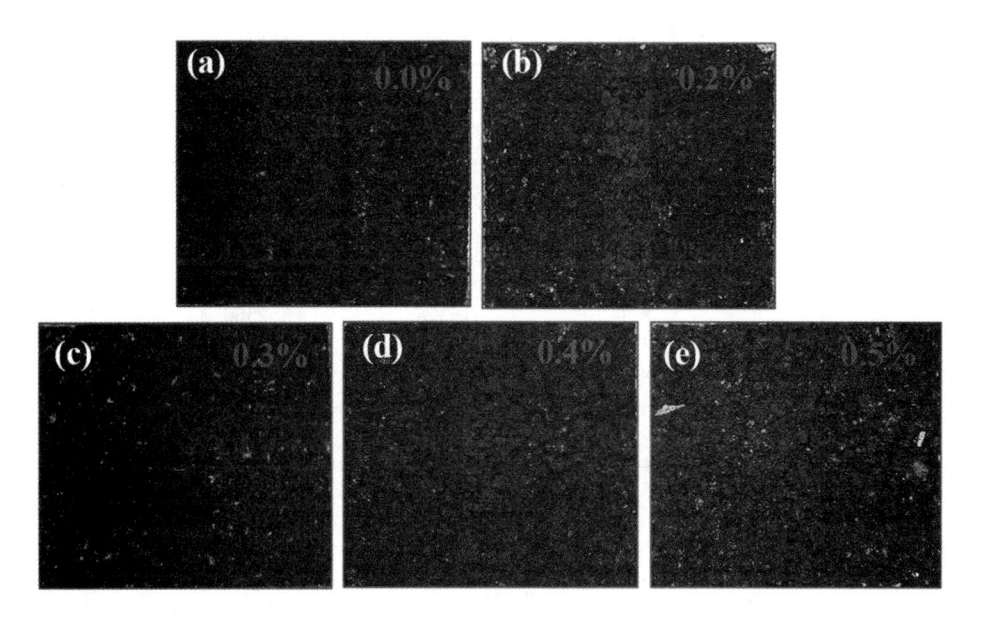

图 7-8　不同含量 TBM 改性沥青混合料高温稳定性(车辙)对比照片

图 7-9　TBM 与集料作用图

7.5.8　TBM 含量对改性沥青混合料低温抗裂性能影响分析

沥青路面受昼夜温差与温度较低地区的寒冷影响，容易出现裂纹、裂缝、甚至开裂等影响路面使用寿命和安全驾驶等病害现象。通常可采取三点弯曲试验测试并计算抗弯拉强度、弯曲劲度模量、最大弯拉应变参数，以此来评价不同含量 TBM 对改性沥青混合料低温性能影响[233]。本实验在-10℃温度、加载速率为 50mm/min 下测试，测试结果如表 7-10。

表7-10 不同含量TBM改性沥青混合料低温三点弯曲试验结果

混合料类型	抗弯拉强度（MPa）	弯拉劲度模量（MPa）	最大弯拉应变（10^{-6}）	最大弯拉应变技术要求（10^{-6}）
普通AC-20(0.0%TBM)	7.4	3357.2	2204.2	≥2000
AC-20+0.2%TBM	7.8	3230.1	2414.8	≥2500
AC-20+0.3%TBM	8.1	3163.8	2560.2	
AC-20+0.4%TBM	8.3	2977.6	2787.5	
AC-20+0.5%TBM	7.6	2909.2	2612.4	

由表7-10测试结果分析可知，实验条件下不同含量TBM改性沥青混合料抗弯拉强度均比对应的普通AC-20有所提高，且当TBM含量为0.4%时达最大值，增加12.16%，随后抗弯拉强度有小幅度降低。说明合理含量的TBM与集料、基质沥青之间的相互作用最佳，有利于改善其混合料的低温性能。随着TBM含量的增加，沥青混合料的弯拉劲度模量降低，该值降低幅度越大改性沥青混合料的低温抗裂性能越好，特别是当含量超过一定值时，其劲度模量下降较大。在0.3%~0.4%TBM含量之间降低最为显著，降低5.55%，其次在0.0%~0.2%时，降低1.97%。如果与基质沥青相比，TBM改性沥青的延度降低（详见表4-1、图4-2），低温性能应该降低，但与湿拌和工艺相比，采取干拌和工艺可以明显改善TBM改性沥青混合料的低温性抗裂性能，这已有相关文献验证[106]。TBM改性沥青混合料在低温下的最大弯拉应变反映了混合料在低温或温度迅速下降条件下抵抗变形及开裂能力，其值越大，其抗裂性能越好。从表7-10可知，TBM改性沥青混合料最大弯拉应变值均大于普通AC-20且均满足相关技术指标要求。随着TBM含量的增加，最大弯拉应变逐渐增大，在0.4%TBM含量时达到最大值，之后开始略有下降，可能的原因在于0.4%含量时，TBM与沥青、集料之间的作用效果最佳所致。综上分析可知，TBM可显著改善AC-20高温抗车辙性能，合理的TBM含量对低温抗裂性能也有一定积极作用，但效果不明显。另外，添加TBM后沥青混合料的低温抗弯拉强度并没有降低。综合考虑TBM对改性沥青混合料高低温性能影响变化情况，分析得出，TBM的加入显著改善了改性沥青混合料的高温性能，同时又能满足较多地区的低温性能要求。

7.5.9 TBM含量对改性沥青混合料水稳定性性能影响分析

沥青混合料路面早期病害约80%是与其水稳定性有关[234]。为提高沥青路面的抗水损害能力,其水稳定性能应满足相应的技术要求,现有评价沥青混合料水稳定性的方法有浸水车辙试验、浸水马歇尔试验、冻融劈裂试验等。根据现有条件,本书采用后两种试验方法对 TBM 改性沥青混合料的水稳定性能进行分析、评价。不同 TBM 添加比例改性沥青混合料水稳定性试件表观未见差别,对比图见图 7-10。

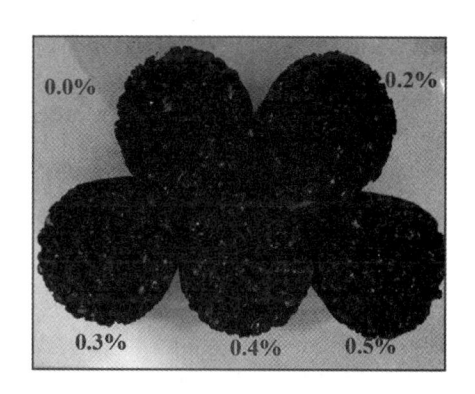

图 7-10 不同含量 TBM 改性沥青混合料水稳定性试件对比照片

(1)浸水马歇尔试验

该试验是用来模拟在水存在的不利试验环境条件下,沥青混合料受水损害时抵抗剥落能力的一种方法。图 7-11 为不同含量 TBM 改性沥青混合料 48h 浸水马歇尔稳定度测试后试件对比图。整体及从局部放大图观察可知,相比较而言,0.4% 含量 TBM 试件原样保持较为完整,该结果与通过计算得到不同含量 TBM 改性沥青混合料的浸水残留稳定度值表 7-11 结果相吻合。

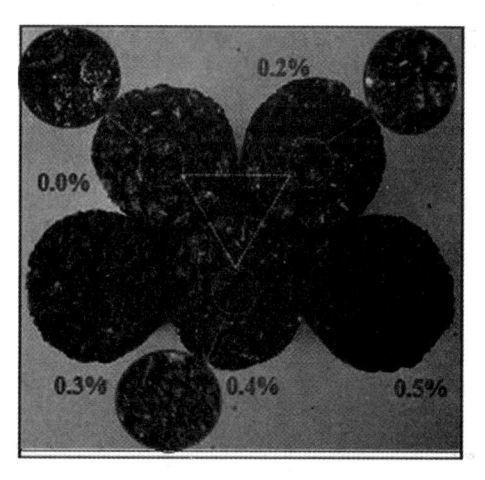

图 7-11 不同含量 TBM 改性沥青混合料 48 小时浸水马歇尔试验后性试件对比照片

表 7-11 不同含量 TBM 改性沥青混合料浸水马歇尔试验结果

混合料类型	不同保温条件下稳定度(KN) 30min	48h	浸水残留稳定度(%)	技术要求
普通 AC-20(0.0%TBM)	9.94	8.40	84.5%	≥80%
AC-20+0.2%TBM	12.80	11.45	89.5%	≥85%
AC-20+0.3%TBM	15.44	14.50	93.9%	
AC-20+0.4%TBM	16.10	15.18	94.3%	
AC-20+0.5%TBM	15.41	14.22	92.3%	

从表 7-11 可知，与普通 AC-20 相比，TBM 的加入能够改善沥青混合料的抗水损能力，30min、48h 浸水马歇尔试件的稳定度及浸水残留稳定度有提高，且在实验条件下浸水残留稳定度均满足标准要求(≥85%)。另外对表 7-11 分析可知，从 0.0%(普通 AC-20)~0.4%TBM 含量呈现逐渐增大变化趋势，在 0.4%达最大值，增加 11.57%，之后出现轻微下降。可能的原因在于 TBM 含量在≤0.4%时，在 180~185℃ 干拌工艺条件下，随着 TBM 含量的增加，TBM 与集料之间的加筋、嵌挤、粘接作用逐渐增强，二者之间的接触面积逐渐增大，且在 0.4%含量达到最佳状态。TBM 含量>0.4%后，随着其含量的逐渐增加，TBM 相对"过量"，而过量的 TBM 在 60±1℃ 恒温水浴中形成类似于集料类颗粒，以一种较小粒径的固体存在于矿料集料中，这种现象的出现相当于集料过量，废弃塑料可用作集料在沥青混合料中应用，已有相关文献报道[235]。这样原本的最佳油石比破坏，即沥青相对量减少，使得 TBM 改性沥青与集料的粘结力下降，进一步使 30min、48h 浸水马歇尔试件的稳定度及浸水残留稳定度下降。另一方面，从 TBM 与基质沥青作用微观角度分析，当 TBM 含量≤0.4%时，TBM 高分子链未完全吸附基质沥青中轻组分，部分未被 TBM 吸附的轻组分游离在沥青中，形成不稳定多相体系，沥青的极性改善不明显，影响沥青与集料的粘附性。随着 TBM 含量逐渐增大，基质沥青中轻组分被 TBM 高分子链已全部吸附形成空间网状结构，不但提升沥青粘附性，而且与集料表面产生定向吸附，使集料表面形成致密吸附层阻止水分子进入空隙的冻胀作用和进入集料表面的置换作用，当 TBM 含量>0.4%时，TBM 不能在基质沥青中完全溶胀，部分以"粒子"形态存在，TBM 改性沥青中再次出现多相组分，各组分之间界面效应显著增强，降低了沥青与集料之间的粘附性，因此，TBM 改性沥青混合料的浸水稳定度、浸水残留稳定度下降。

(2)冻融劈裂试验

表7-12 不同含量TBM改性沥青混合料冻融劈裂试验结果

混合料类型	未冻融劈裂抗拉强度(MP)	冻融劈裂抗拉强度(MP)	冻融劈裂残留强度比(%)	技术要求
普通AC-20(0.0%TBM)	0.96	0.84	87.5%	≥75%
AC-20+0.2%TBM	1.13	1.02	90.3%	≥80%
AC-20+0.3%TBM	1.22	1.13	92.6%	
AC-20+0.4%TBM	1.31	1.24	94.7%	
AC-20+0.5%TBM	1.24	1.12	90.3%	

不同TBM含量下的沥青混合料的冻融劈裂试验结果如下表7-12。对表7-12分析可知，测试范围内TBM改性沥青混合料冻融劈裂残留强度比(TSR)相比普通AC-20均有所增加，其最低值为90.3%，远高于JTG F40-2004《公路沥青路面施工技术规范》[219]要求(≥80%)。而且随着TBM含量的增加，TBM改性沥青混合料的未冻融劈裂抗拉强度、冻融劈裂抗拉强度、冻融劈裂残留强度比均出现先增加后减小的变化趋势。综合上述分析表明，与普通AC-20相比，TBM对改性沥青混合料的水稳定性具有改善作用，而且合理含量的TBM对改性沥青混合料抗水损害有重要影响，本试验建议TBM在AC-20中最佳添加量为0.4%。

7.5.10 TBM含量对改性沥青混合料抗老化性能影响分析

沥青混合料在生产、施工及使用过程受环境影响会发生不可逆的化学老化，老化后的沥青在温度、荷载等的作用下更容易发生开裂，影响其耐久性，而且不同类型的沥青混合料在各工序所需的温度不同，显然采用目前4h、135℃老化条件不能反应实际的老化过程，势必影响对沥青混合料性能和使用寿命的预测。因此，对需要提高拌和温度的TBM改性沥青混合料的抗老化性能的评价，也需要提高模拟短期老化过程的温度。基于综合分析，特设计表7-13所示实验方案，对TBM改性沥青混合料的抗老化性能进行评价。其中试验编号1、2为AC-20基质沥青混合料与掺加0.4%含量TBM的改性沥青混合料各一组(每一组5个试件)按要求温度拌和制作试件并测试。试验编号3~8按照对应配比制备沥青混合料各两组，然后把未压实的松散混合料分别放入135℃、155℃的烘箱中进行短期老化2h、4h，后制作试件并测试，测试结果如表7-14~表7-17所示。

表 7-13　TBM 改性沥青混合料短期老化模拟实验方案

试验编号	TBM 含量	模拟老化试验温度(℃)	模拟老化试验时间(h)	模拟对象
1	0%	0	0	拌和老化
2	0.4%	0	0	拌和老化
3	0%	135	2	拌合、运输、摊铺、碾压的老化
4	0%	135	4	拌合、运输、摊铺、碾压的老化
5	0.4%	135	2	拌合、运输、摊铺、碾压的老化
6	0.4%	135	4	拌合、运输、摊铺、碾压的老化
7	0.4%	155	2	拌合、运输、摊铺、碾压的老化
8	0.4%	155	4	拌合、运输、摊铺、碾压的老化

(1) 常温短期老化对 TBM 改性沥青混合料性能影响

表 7-14　不同 TBM 改性沥青混合料短期老化前后低温三点弯曲试验结果

试验编号	老化条件	抗弯拉强度(MPa)	最大弯拉应变(10^{-6})	弯拉劲度模量(MPa)
1	拌和后立即压实	0.665	3936.0	169.0
3	135℃、2h 老化	0.813	3432.6	236.8
4	135℃、4h 老化	0.886	3025.4	292.9
2	拌和后立即压实	0.821	3940.2	208.4
5	135℃、2h 老化	0.829	3643.2	227.5
6	135℃、4h 老化	0.896	3370.8	265.8

表 7-15　不同 TBM 改性沥青混合料短期老化前后的低温三点弯曲试验结果对比

对比试验编号	抗弯拉强度比(%)	抗弯拉强度变化比(%)	最大弯拉应变比(%)	最大弯拉应变变化比(%)
3/1	122.25	22.26	87.21	12.79
4/1	133.23	33.23	76.86	23.14
5/2	100.97	0.97	92.46	7.54
6/2	109.14	9.14	85.64	14.45

从表 7-14 和表 7-15 的不同老化条件下 TBM 改性沥青混合料的模拟老化试验结果可知，在 135℃的烘箱中进行模拟老化后的 TBM 改性沥青混合料的弯拉劲度模量和抗弯拉强度两技术指标均有所增加，且随老化时间的增加而逐渐增大，而最大弯拉应变则则呈现下降趋势。在模拟老化烘箱温度为 135℃条件下加热 2h、4h 后，对于抗弯拉强度和弯拉劲度模量，掺加 TBM 的沥青混合料比普通沥青混合料影响较小。相应的掺加 TBM 的沥青混合料的最大弯拉应变，相比普通沥青混合料的衰减幅度要弱。由低温三点弯曲试验结果的变化分析表明，在 135℃条件下，掺加 TBM 后的改性沥青混合料受温度老化影响明显减弱，与普通基质沥青混合料相比，TBM 改性沥青混合料的抗老化性能的到改善。

(2) 高温生产对 TBM 改性沥青混合料抗老化性能影响

表 7-16　高温条件对 TBM 改性沥青混合料的低温三点弯曲试验结果

试验编号	老化条件（155℃）	抗弯拉强度（MPa）	最大弯拉应变（10^{-6}）	弯拉劲度模量（MPa）
7	2h	1.019	3268.5	311.8
8	4h	1.102	2899.7	380.0

表 7-17　不同老化条件对 TBM 改性沥青混合料的低温三点弯曲试验结果对比

对比试验编号	抗弯拉强度比(%)	抗弯拉强度变化比(%)	最大弯拉应变比(%)	最大弯拉应变变化比(%)
7/2	124.12	24.12	82.95	17.05
8/2	134.23	34.23	73.59	26.41
7/3	125.34	25.34	95.22	4.78
8/4	124.38	24.38	95.85	4.15

从表7-16和表7-17不同老化条件下模拟老化试验结果可知,与未进行老化的TBM改性沥青混合料相比,老化温度、老化时间对抗弯拉强度有较大影响,且随着老化温度与老化时间的延长抗弯拉强度逐渐增大,而最大弯拉应变则减小。且在155℃条件下TBM改性沥青混合料老化变化趋势基本与135℃条件下普通沥青混合料相一致。通过对4h条件下的老化对比分析,得出高温生产TBM改性沥青混合料同样对抗老化性能有负面影响。这进一步说明选用高温条件模拟TBM改性沥青混合料老化试验,能够在一定程度上反应改性沥青混合料在高温生产拌和过程中短期老化对性能的影响。因此,在TBM改性沥青混合料应用过程中要在满足生产及施工和易性基础上尽可能在较低温度条件下应用TBM。

7.6 本章小结

本章通过工业化生产制备TBM,并对进行其自检及外围委托检测(对TBM改性沥青混合料)均满足相关标准要求,重点研究了不同参数、不同TBM含量对改性沥青及其混合料性能的影响,主要结论如下:

(1)选取平行同向双螺杆挤出机(SHJ-72)生产线制备TBM,确定了最佳生产工艺参数,并对其进行测试,结果满足山西省质量技术监督局地方质量标准要求。外委托送检TBM满足改性沥青混合料高低温及水稳定性技术要求(检测报告详见附录部分)。

(2)比较分析了TBM为0%、1%、5%、9%、13%(以沥青质量计)含量下改性沥青常规指标及微观形貌变化。分析结果表明,TBM添加有利于改善TBM改性沥青的高低温性能。在同一温度下,随着TBM含量的增加TBM改性沥青的黏度增加,但在175℃时影响不明显,说明随着温度的升高,TBM含量对改性沥青黏度影响降低。微观形貌分析表明,随着TBM含量增加,其在基质沥青中溶解度逐渐减弱,进一步印证了TBM改性沥青储存稳定性和在改性沥青混合料中溶解性特点。

(3)选取TBM含量0.2%、0.4%的AC-20混合料,利用TBM不溶于三氯乙烯特性,评价了在干拌和工艺条件下TBM在基质沥青中的溶解性,实验范围内TBM在沥青中溶解比例为31.0%~35.8%,且随着TBM含量的增加,溶解率有增加趋势,说明合理含量的TBM对改性沥青的性能稳定性具有重要影响。

(4)通过对比分析了不同拌和温度、不同拌和时间对TBM改性沥青混合料性能影响,确定最佳拌和参数,即:干拌30s为宜,湿拌和时间不得低于180s,且拌和温度为170℃时混合料的动稳定度最大(9000次/mm),并对不同拌和温度下动稳定度变化规律从TBM改性沥青及TBM形态变化两方面进行分析。

(5)采取AC-20型改性沥青混合料,重点分析了0.0%、0.2%、0.3%、0.4%、0.5%含量TBM(以基质沥青混合料总质量计)对TBM改性沥青混合料性能的影响。分析结果表明,TBM显著改善了改性沥青混合料的高温性能,一定含量的TBM改性沥青混合料低温性能有所改善,但改善幅度相对有限,然而对水稳定性具有改善作用。总体分析可知,干拌和工艺条件下,AC-20中TBM含量为0.4%改性沥青混合料性能最佳。

(6)模拟老化对比试验分析表明,在温度相同条件下,TBM添加有利于改善改性沥青混合料的抗老化性能。通过对比分析常温普通沥青混合料与155℃条件下的TBM的沥青混合料对老化性能影响,得出高温拌和、运输及施工同样对TBM改性沥青混合料老化性能产生负面影响。

第8章 TBM改性沥青混合料的工程应用研究

8.1 引言

国内应用废弃塑料改性沥青混合料工程应用已有相关案例,总体可归为两种方案[236],其一,中面层按6cm中粒式废弃塑料改性沥青AC-20C设计,如重庆某高速公路立交匝道施工,应用总长度300m,采用SBS改性沥青生产工艺制备废弃塑料改性沥青的湿法施工工艺,存在改性沥青储罐废弃塑料离析及钻芯取样测试部分压实度不满足要求问题。其二,采用废弃塑料裂解制备改性剂的方法并在国内不同路段也有试验段铺筑,如重庆南川某公路(湿法工艺,5cm厚度的AC-13面层应用)、贵州黔东南州路面大修工程(干法工艺,4cm厚度的AC-13面层应用)等多处铺筑试验段,取得了不错的应用效果,但废弃塑料裂解工艺产生的废气等新的污染物需引起高度关注,容易导致二次污染。国外也有相关废弃塑料改性沥青工程应用,如新西兰(最近)、南非(2019年)、澳大利亚(2018年)等[237],但均为废弃塑料简单处理后直接改性沥青进行应用,路用性能值得怀疑。

对于TBM改性沥青混合料中TBM的添加工艺,参照相关RPE在沥青混合料中应用研究表明[96,238],与干拌和工艺相比,湿拌和工艺中改性沥青有效膜质量损失较小,抗车辙性能提高,马歇尔稳定度较大,TSR值较高。但与湿拌和工艺相比,干拌和工艺投资较小,设备操作相对简单,可减轻改性沥青长距离运输、储存所导致的离析等问题。本实体工程应用仅在拌合楼现场安装自制的智能投料机,便可实现工程应用,而且该工艺有利于改善TBM改性沥青混合料低温性能(详见6.3.3)。

为了验证TBM在沥青混合料中实际应用效果,选择山西省内某条新建高速公路全线53.319km中面层AC-20(设计要求)进行实体工程应用,以期总结经验,并对后续路用性能进行长期性能观察,进一步分析评价TBM改性剂经济社会效益,为大面积TBM在改性沥青路面中推广应用提供理论与实践依据。

8.2 工程概况

本实体工程应用路段(K00+000~K53+319)全线分为三个标段。全路段采用沥青混凝土路面,分三层铺筑,其中一(LM1)、二(LM2)和三(LM3)标段结构形式为:上面层4cm的AC-13型、中面层6cm的AC-20型、下面层左幅8cm的AC-25型,下面层右幅ATP-30型,全路段沥青路面上面层采用SBS改性沥青混合料(湿法工艺),仅中面层全线采用TBM改性沥青混合料(干法工艺),下面层采用普通沥青混合料。本书选取LM1标段(K00+000~K18+019)中面层进行工程应用研究。

8.3 原材料

8.3.1 沥青性能指标

采用中海70#石油沥青,主要技术指标测试结果满足JTG F40-2004《公路沥青路面施工技术规范》[219]要求,性能指标详见表8-1,满足标准要求。TBM设计添加量为沥青混合料总质量的0.4%(总质量不计入TBM的质量)。

表8-1 沥青性能指标

检测项目	技术要求	实测结果	实验方法
25℃针入度(100g,5s)/(0.1mm)	60~80	75.5	T0604-2000
60℃动力黏度/(Pa·s)	≥160	174.56	T0620-2000
10℃延度(5cm/min)/(cm)	≥20	21	T0605-2000
15℃延度(5cm/min)/(cm)	≥100	>100	
软化点(环球法)(℃)	≥45	50	T0606-2000

续表

检测项目		技术要求	实测结果	实验方法
	蜡含量(蒸馏法)/%	≤2.2	1.50	T0615-2000
TFOT (163℃, 5h)	质量变化(%)	≤40.8	37.2	T0609-2000
	残留针入度比 (25℃)/%	≥61	61.2	T0604-2000
	残留延度(10℃) (5cm/min)/(cm)	≥15	35	T0605-2000

8.3.2 集料性能指标

本实体工程应用路段粗集料采用规格为 10~20mm、5~10mm 石灰岩碎石，细集料采用 0~5mm 石灰岩石屑，矿粉采用石灰岩磨细石粉，上述矿料相关测试按照 JTG E42-2005《公路工程集料试验规程》[218]进行。具体技术指标见表 8-2、表 8-3，且均满足标准要求。

表 8-2 集料性能指标

检测项目		技术要求	检测结果 10~20mm	检测结果 5~10mm	实验方法
表观相对密度		≥2.60	2.878	2.895	T0304-2000
毛体积相对密度		/	2.669	2.673	T0304-2000
吸水率(%)		≤2.0	1.7	1.9	T0304-2000
针片状颗粒含量(%)	粒径>9.5mm	≤12	6.1	/	T0312-2000
	粒径<9.5mm	≤18	/	7.2	
<0.075mm 颗粒含量(%)		≤1	0.12	0.27	T0310-2000

续表

检测项目	技术要求	检测结果 10~20mm	检测结果 5~10mm	实验方法
坚固性(%)	≤12	1.1		T0314-2000
压碎值(%)	≤26	23.7		T0316-2000
洛杉矶磨耗损失(%)	≤28	26.4		T0317-2000
软石含量(%)	≤3	0.5		T0320-2000
磨光值PSV(BPN)	≥38	48		T0321-1994
对中海90号石油沥青的粘附性(级)	≥4	4		T0616-1993

表8-3 矿粉性能指标

检测项目	技术要求	检测结果	实验方法
表观密度(g/cm³)	≥2.50	2.645	T0352-2000
含水率(%)	≤1	干燥	T0332-1994
外观	/	无团粒结块	/
亲水系数	<1	0.6	T0353-2000
塑性指数(%)	<4	2.9	T0354-2000
加热安定性	实测记录	无明显变化	T0355-2000
粒度范围 <0.6mm(%)	100	100.0	
粒度范围 <0.15mm(%)	90-100	87.7	T0351-2000
粒度范围 <0.075mm(%)	75-100	79.8	

8.4 混合料配合比设计

8.4.1 集料筛分结果

为了进一步确保工程质量，特对TBM改性沥青混合料拌和现场集料A、B、C三挡料二次筛分，测试结果见表8-4。

表8-4 集料筛分结果信息

筛孔直径/mm	通过率(%)			
	A(10~20)	B(5~10)	C(0~5)	矿粉
19	90.05	/	/	/
16	66.05	99.88	/	/
13.2	36.06	99.88	/	/
9.5	6.28	93.64	/	/
4.75	0.89	3.96	98.62	/
2.36	0.87	1.17	73.05	/
1.18	0.87	1.06	51.17	/
0.6	0.87	1.05	34.36	/
0.3	0.87	1.04	24.28	/
0.15	0.87	0.93	17.82	100
0.075	0.35	0.28	13.66	99.6

根据LM1中面层沥青AC-20混合料配合比设计试验，确定最佳油石比为4.5%。按照沥青路面施工技术规范生产配合比设计方法，得到矿料合成级配曲线，各档料级配和生产组成配比具体信息，分见图8-1和表8-5。

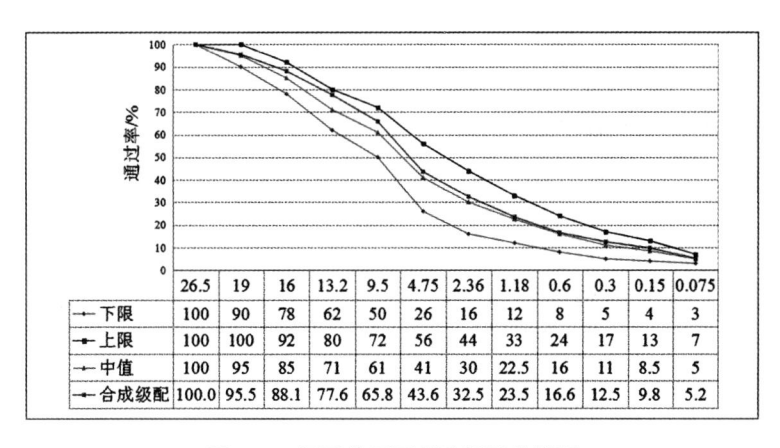

图 8-1 级配范围要求及级配曲线图

表 8-5 TBM 改性沥青混合料生产组成配比

材料/mm	10~20	5~10	0~5	矿粉	油石比/%
比例/%	35	22	41	2	4.5

8.4.2 生产配合比组成验证

TBM 改性沥青混合料生产配合比通过马歇尔稳定度、残留强度比及动稳定度进行验证，采用标段实验室和中心实验室仪器测试，结果如表 8-6。

表 8-6 TBM 改性沥青混合料生产配合比验证

检测项目	单位	实验结果	技术要求	备注
马歇尔稳定度	KN	13.2	/	1 标实验室配料，自成型；1 标仪器
残留强度比	%	90.4	≥80	
动稳定度（车辙试验）	次/mm	10267	≥3000	1 标实验室配料，自成型；1 标仪器，养护 48h
		10346		1 标实验室配料；自成型；中心实验室仪器，养护 48h
		10985		1 标实验室取料；1 标实验室成型；1 标仪器，养护 48h

8.5 智能投料机原理及投料工艺

8.5.1 智能投料机原理

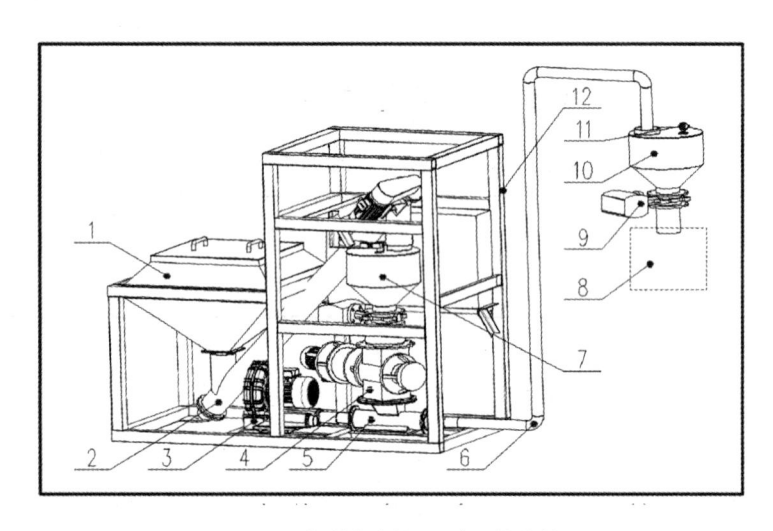

图8-2 智能投料机系统网络结构

为了减轻拌和站TBM添加人工劳动强度、提高添加量准确性、降低建设成本费用。基于TBM在投料过程中存在的关键技术问题，如：投料的及时性、与集料的同步性等，本工程应用采取以传感检测技术、自动控制技术和智能监控技术为手段，通过实测分析、软件模拟以及样机试验等相结合的方法，实现对TBM投料过程的精确计量、远程监控和智能预警，为施工单位、监理单位和业主单位等提供直观准确的数据信息和可视化的远程监控，保证TBM改性沥青混合料路面工程施工质量。通过自行设计的智能投料机直接将TBM投入拌和锅中，与集料同时加入（干拌和法工艺），确保TBM在高温和集料的剪切力、摩擦力等作用力综合协同作用下有足够的时间与集料发生粘结、裹覆、渗透等作用，使TBM均匀分散在集料中。该智能投料机监控系统采用最先进的远程控制器进行终端数据采集，将所采集数据通过应用socket软件技术建立TCP/IP服务器系统发送到GPRS公共网络，最终上传到Internet网络系统，最终实现在互联网技术基础上的无线沟通技术[239]。该技术的应用大大降低工人劳动强度，提升投料的准确性，可实现全天候连续拌合、施工作业，该智能投料机系统网络结构如图8-2所示，其结构示意图如图8-3。

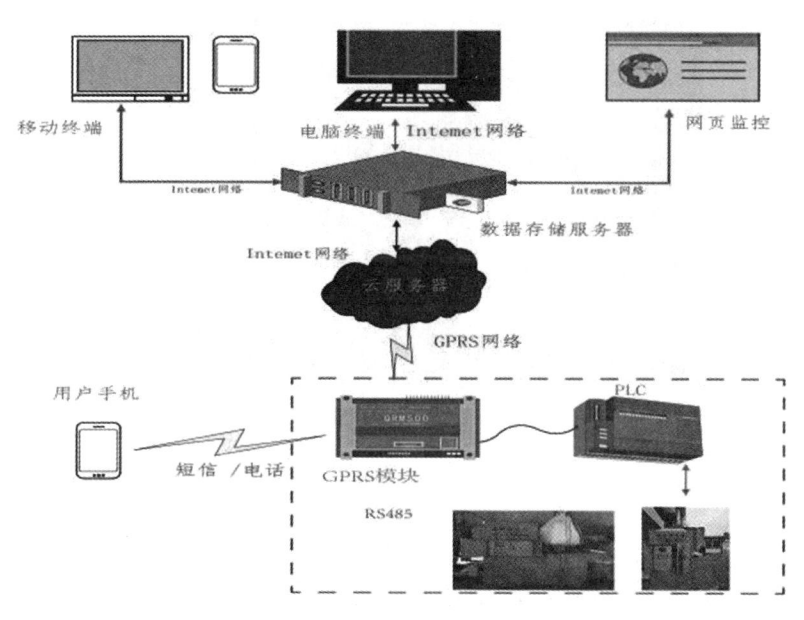

(1-储料仓、2-螺旋输送机、3-高压鼓风机、4-给料器、5-气料混合加速室、
6-输料管、7-计量装置、8-拌和站、9-气动蝶阀b、10-投料仓
11-料位计、12-机架)

图 8-3　智能投料机结构示意图

8.5.2　TBM 投料工艺

该智能投料机使用时需要在拌合锅旁边开一个投料口，通过管径为 Φ133mm×8mm 超高分子量聚乙烯管道与智能投料机出料口相连接，投料机的信号线与拌合楼控制系统相连接，根据每锅 TBM 改性沥青混合料的总质量同步调整 TBM 添加量，如图 8-4、图 8-5 所示。根据设计要求，本工程 TBM 添加添加量为 0.4%（以去除 TBM 质量后的基质沥青混合料总质量计），每锅 TBM 投料时间为 6~7s。

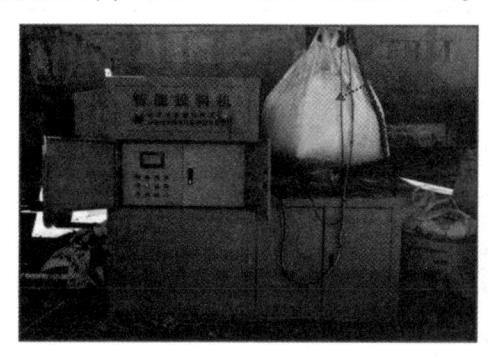

图 8-4　TBM 智能投料机(a)和拌和设备(b)

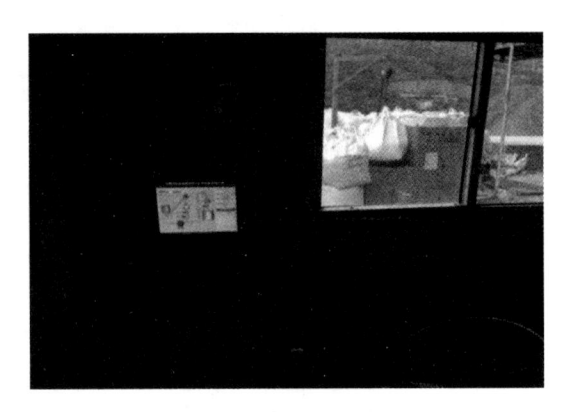

图 8-5 智能投料机使用现场

8.6 各工序温度控制参数

表 8-7 各工序温度控制参数

工序	温度参数(℃)	测试方式
集料加热温度	180~185	传感器自动检测
沥青加热温度	160~170	传感器自动检测
混合料出料温度	≥170	红外测温仪
运输到现场温度	≥165	红外测温仪
摊铺温度	≥155	红外测温仪
初压温度	≥150	红外测温仪
终压温度	≥90	红外测温仪

8.7 钻芯取样分析

8.7.1 测试结果分析

TBM 改性沥青混合料路面竣工后进行钻芯取样抽检，钻芯取样后的毛体积相对密度、空隙率、压实度检测结果如表 8-8 所示。

表 8-8 钻芯取样试件测试结果

测点序号	取样地点	毛体积相对密度	空隙率（%）	压实度(按标准马歇尔密度)/%	压实度(按最大理论相对密度)/%
1	K0+030 左幅	2.450	4.2	98.5	94.4
2	K0+040 右幅	2.442	4.3	98.3	94.0
3	K3+725 左幅	2.461	3.9	98.0	94.2
4	K3+240 右幅	2.450	4.0	98.8	94.7
5	K5+400 左幅	2.453	4.0	98.0	94.1
6	K5+785 右幅	2.442	4.3	97.1	94.6
7	K6+405 左幅	2.436	4.4	99.3	94.4
8	K6+810 右幅	2.442	4.5	98.8	94.1
9	K6+620 右幅	2.445	4.4	99.0	94.6
10	K7+840 左幅	2.454	4.6	99.8	94.3
11	K7+205 右幅	2.441	4.2	98.8	94.6
12	K8+220 左幅	2.445	4.2	98.1	94.1
13	K8+475 右幅	2.469	4.0	98.5	94.5
14	K9+552 右幅	2.450	4.3	99.4	95.1
15	K9+130 左幅	2.445	4.2	98.4	94.4
16	K12+325 左幅	2.328	4.1	97.2	93.3
17	K12+777 右幅	2.455	4.0	98.0	94.0
18	K14+625 左幅	2.435	3.9	99.3	95.1
19	K14+125 右幅	2.442	3.5	99.6	95.9
20	K16+150 右幅	2.444	3.5	98.7	94.4
21	K16+390 左幅	2.441	3.7	98.6	95.0
22	K17+120 左幅	2.441	3.7	98.8	95.2

续表

测点序号	取样地点	毛体积相对密度	空隙率（%）	压实度（按标准马歇尔密度）/%	压实度（按最大理论相对密度）/%
23	K17+300 右幅	2.468	3.8	99.4	95.4
24	K18+000 左幅	2.446	3.6	98.6	95.2
25	K18+010 右幅	2.319	4.7	97.1	93.1

从表 8-8 及其对应的孔隙率、压实度（按标准马歇尔密度）、压实度（按最大理论相对密度）变化曲线图 8-6、图 8-7 可知，无论是按何种密度方式所计算的压实度均满足设计要求。但所测试值中孔隙率最小值 3.5%，最大值 4.7%，增加 34.29%。而按标准马歇尔密度所计算的压实度最小值 97.1%，最大值 99.8%，增加 2.78%，且均满足技术指标≥97%要求。按最大理论相对密度所计算的压实度最小值 93.1%，最大值 95.9%，增加 3.01%，且均满足技术指标≥93%要求。相比较而言，对压实度影响变化较小，而对于孔隙率变化影响较大，导致这种变化差距较大的原因可能在于，矿料级配波动变化、环境温度差异性、混合料局部温度变化及实际碾压操作等因素影响碾压效果，造成部分区域压实度较低。

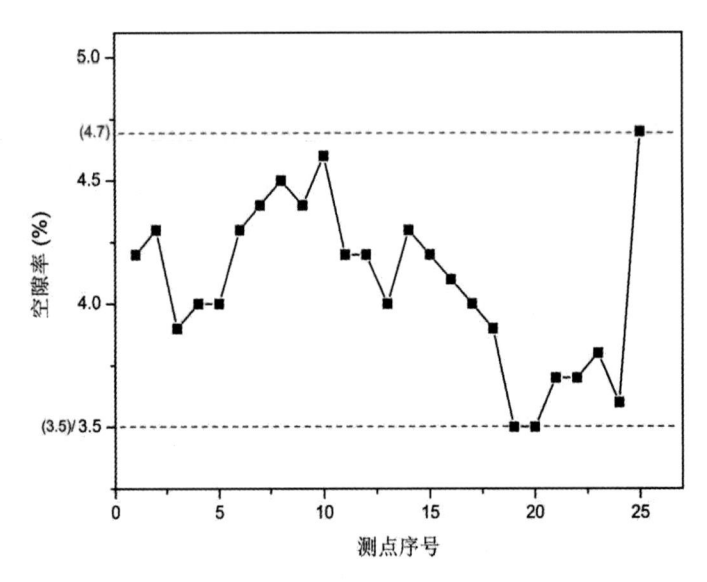

图 8-6 钻芯样空隙率变化曲线

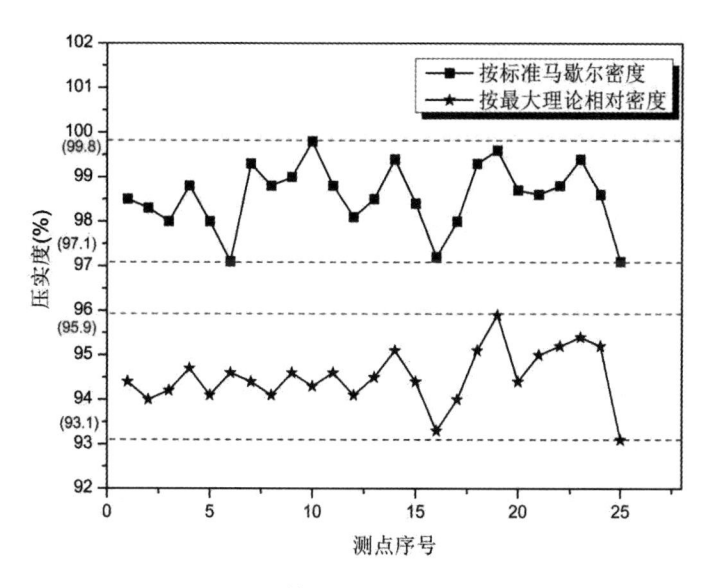

图 8-7 钻芯样压实度变化曲线

8.7.2 TBM 改性剂存在形态及改性机理分析

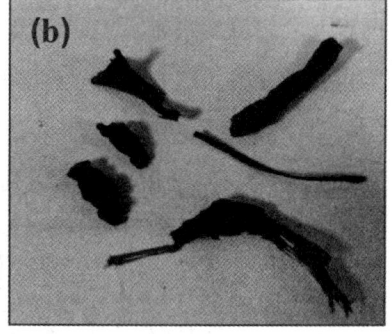

图 8-8 TBM 在混合料中的存在形式(a)及拌和后形态(b)

在 TBM 改性沥青混合料拌和过程中,首先 TBM 与热集料在剪切、挤压、混合等相互作用下,形成具有一定长度和厚度的扁平状变形体分散在热集料中,随后随着沥青喷入,部分 TBM 在高温下溶解在沥青中(详见 7.5.3),对沥青进行改性。另外未溶解部分与热集料相互作用,起到加筋作用,这部分主要以变形体聚合物的形态存在,与集料、沥青存在这明显的相界面如图 8-8(a)。采取抽提的实验方法从钻芯样中提取出 TBM,如图 8-8(b),其形状主要以絮丝、长条、扁平状的形态存在于 TBM 改性沥青混合料结构中。与原状 TBM 颗粒相比,表面粗糙度、颗粒长度显著增加,说明 TBM 在集料的剪切力以及与沥青之间的相互作用之下，对沥青混合料有显著影响，这与图7-6中观察到的结果相一致。从高分子材料力学角度分析，随着TBM变形体比表面积增大，与集料、沥青之间接触几率、接触面积显著增加，对基质沥青的改性和对集料的加筋作用明显改善。与此同时，TBM中游离PP-g-MAH中活性基团MAH与沥青中羟基在高温剪切作用下，易发生酯化反应，生成新物质[178]，可能使得这种加筋作用进一步增强，这些作用使得TBM改性沥青混合料的高温性能明显增强(详见表7-9)。另外，从3.3.5中PP-g-MAH含量对TBM示差扫描量热法分析结果可知，PP-g-MAH的添加使得RPE/RPP中各组分的结晶度降低，对于RPP影响更加显著，进一步改善了TBM的低温韧性，增强了TBM与集料粘附性，在与混合料拌合过程中，在热集料碰撞、剪切作用下，一定含量的TBM对改性沥青混合料低温抗拉能力也得到一定程度的改善和加强(详见表7-10)。

为了进一步分析TBM在沥青混合料中的形态变化及作用机理，设计图8-9示意图进行说明。TBM改性沥青混合料使用温度一般都低于其粘流态温度，当环境温度低于基质沥青玻璃化转变温度时，沥青中高分子链几乎停止运动，沥青硬度增大，而TBM受温度影响柔韧性变化相对较小，此时形成"硬包软"的海岛结构，达到改善改性沥青混合料抗低温变形的能力。在高温环境下，TBM相对基质沥青来说，则变得较硬，形成"软包硬"海岛结构，且TBM吸附基质沥青中轻组限制沥青流动，以及TBM变形体对集料的加筋作用等对提升改性沥青混合料高温性能具有明显作用。在改性沥青粘流态温度以上环境时，形成"海—海"的"软包软"结构，这种结构较长时间通车状况下很容易发生车辙现象。相关文献报道[101]，采用RPE、石油树脂、EVA、2-羧基呋喃制备改性剂后应用干法工艺制备改性沥青混合料同样认为改性剂与集料、基质沥青同时作用，进而达到改善混合料性能目的。

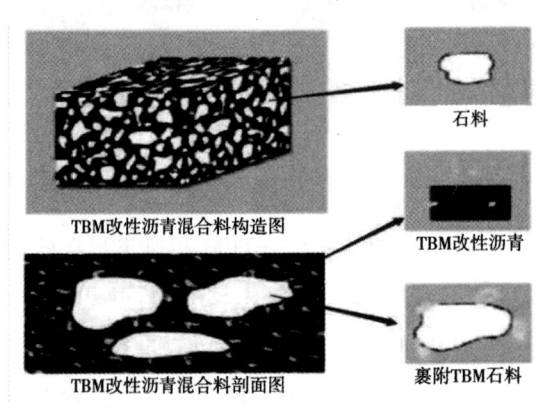

图 8-9 TBM与矿料及沥青胶结料的作用示意图

8.8 效益分析

TBM 可广泛应用于新建改性沥青路面、高等级公路的维修工程及重交通道路、车辆交汇区、机场跑道、公交车道、工业地面、集装箱堆放场地等特殊场地沥青路面工程中，可提高沥青路面的使用性能，降低养护费用，具有较高的经济和社会效益，推广应用前景广阔。

8.8.1 经济效益分析

经室内实验测试及实体工程应用，0.4%~0.5% 含量的 TBM 改性沥青混合料动稳定度可达 9000~10500 次/mm，同时低温抗裂性能明显改善，抗水损能力进一步提高，冻融劈裂残留强度 90.3%~94.7%。考虑到交通建设成本与使用寿命等关系，建议在实际应用中 TBM 按沥青混合料总质量的 0.3%~0.5% 在拌和站直接投放，与传统改性剂添加设备相比，不需要额外投资设备费用，添加工艺简单，省时、省力，同时最大限度地利用工农业及生活 RPE、RPP 具有深远的现实意义。从表 8-9 分析可知，TBM 成本价 5895 元/吨，与国外进口车辙剂相比具有很强的价格优势（德国 PR 价格 23000~25000 元/吨），各项技术指标满足工程应用要求，经济效益可观。

表 8-9 TBM 成本分析

名称		单位	吨配方	单价(元/吨)*	金额(元)
原材料	RPE	吨	0.6	4500	2700
	RPP	吨	0.4	4400	1760
	PP-g-MAH	吨	0.07	13000	910
	包装袋(0.5T)	条	2	40	80
	小计(元)				5450
生产费用	生产人工费		1	200	200
	卸车费		1	10	10
	装车费		1	10	10
	电费		1	100	100

生产费用	水费	1	3	3
	生产设备维护	1	10	10
	劳保费	1	5	5
	安全费	1	3	3
	伙食费	1	10	10
	厂房租赁费(若有)	1	50	50
	设备折旧	1	30	30
	燃油及办公费	1	6	6
	其他	1	8	8
	小计(元)			445
合计(元)			5895	

*备注：表中单价为近年来市场平均价值，实际可能略有差别，但变化幅度很小。

8.8.2 环保和社会效益分析

随着我国经济的迅速发展，交通量迅速增加，重载、超载现象严重，汽车大型化、轴重增加，使公路使用条件日益恶化，沥青路面面临严重考验，沥青混合料高温稳定性和低温抗裂性差，路面易出现早期损坏，尤其在气候、温度变化范围较大的地区，路面车辙和温缩开裂是十分普遍和严重的路面病害，为提高路面综合性能要求，在基质沥青中添加外加剂对沥青改性已成为改善沥青路用性能的重要手段。

TBM 所用主要原材料为工农业及民用回收的废弃聚合物 RPE、RPP，是响应国家"资源回收利用、建设资源节约型社会"等环保产业政策，具有良好的社会及经济效益。对减轻废弃塑料污染物，降低交通建设成本，延长沥青路面使用寿命，降低路面维修成本等方面具有积极意义。

与 SBS 改性剂相比，在实际应用中采取干拌和工艺拌合站现场根据设计要求全自动加料方式，节省了前期改性沥青制备设备投资，简化了生产工艺，减轻了改性沥青储存稳定性能不足，减少了有害气体的排放和场地的占用，节约了能源。同时，智能投料机使用可实现精确计量、避免 TBM 浪费，确保工程质量。

TBM 技术成果除前述在高速公路中面层实体工程应用之外，可广泛应用于新建改性沥青路面、高等级公路的维修工程及重交通道路、车辆交汇区、机场跑道、公交车道、工业地面、集装箱堆放场地等特殊场地沥青路面工程中，可提高沥青路面的使用性能，降低养护费用，具有较高的经济和社会效益，推广应用前景广阔。

TBM能有效提高路面高低温性能，减少路面早期破坏，改善路面服务状况，延长路面使用寿命，提高公路交通的安全性和舒适性，社会效益显著；TBM生产及在改性沥青混合料中应用，避免了类似产品施工质量难保证，易造成材料浪费和环保性差等不足，工艺简化，施工过程大大便捷，节约了大量的人力、物力和时间，降低了施工成本，保证了施工质量。

8.9 本章小结

本章在室内实验研究基础上，通过自制施工现场拌合楼用智能投料机，进行了实体工程中面层AC-20改性沥青混合料应用，并对铺筑路面进行钻芯取样分析，验证了TBM改性沥青混合料实际应用效果，取得显著经济及社会效益，主要结论如下：

(1)采用自制智能投料机进行实体工程应用，共铺筑中面层路段53.319km，重点研究了LM1标段中面层TBM改性沥青混合料应用情况。

(2)钻芯取样25组分析评价了LM1中面层TBM改性沥青混合料毛体积相对密度、孔隙率、压实度(按标准马歇尔密度)、压实度(按最大理论相对密度)技术指标，均满足设计及技术要求，并对TBM存在形态及改性机理进行分析。

(3)对TBM改性沥青混合料进行经济及社会效益分析评价，与国外同类产品相比，TBM成本降低70%，同比例掺量情况下可显著降低改性沥青混合料成本。对于解决废弃塑料白色污染成果显著，经济与社会效益明显，为工业化生产及工程推广应用提供理论依据与实践经验。

第 9 章 主要结论与展望

9.1 主要结论

本论文通过对 RPE、RPP 共混物进行增容改性,制备改性沥青及其混合料,并进行工业化生产与实体工程应用,取得较好的应用效果,主要结论包括如下方面:

(1)通过对 VPE/RPE、VPP/RPP 新旧原材料对比分析,发现老化使得 RPE、RPP 材料的力学性能下降,其中 VPE 老化初期主要为降解,后期主要为交联,而 VPP 则主要是降解。

(2)对比分析了 VPE/VPP、RPE/RPP 不同共混比例之间的性能变化,发现 VPE/VPP 主要发生的是物理缠结作用,RPE/RPP 因老化产生羟基、羧基基团发生酯化反应,导致两类共混物的性能变化明显,并对此进行了分子动力学模拟、微观形貌及热重表征分析验证,最终确定 RPE/RPP=6:4(质量比)时性能最优,为后续提供了基体配方依据。

(3)选择 PP-g-MAH 作为 RPE/RPP 基体配方相容剂,应用分区加料双螺杆挤出造粒技术,研究了 0%、1%、3%、5%、7%、9%含量的 PP-g-MAH 对 RPE/RPP(质量比 6:4)性能的影响,通过不同表征方法得出 PP-g-MAH 含量在 7%时,RPE/RPP/PP-g-MAH 共混物相容性最优,主要力学性能最佳。

(4)研究了不同含量 PP-g-MAH(0%、1%、3%、5%、7%和 9%,以 RPE/RPP 总质量计)对 TBM 改性沥青性能影响,分析结果表明,以 RPE 和 RPP 总质量 7%含量的 PP-g-MAH 所制备的 TBM,且改性沥青中 TBM 添加量为 4%时性能最佳,主要包括:改善了 TBM 改性沥青的存储稳定性,提高了改性沥青的高温性能,对于低温性能指标流值 m-value 除 5%~7%含量 PP-g-MAH 范围外,其余值均满足技术指标要求(m-value>0.3)。

(5)研究了不同含量 PE-g-MAH(0%、1%、3%、5%、7%和 9%,以 RPE 共混物总质

量计)对 BBM 改性沥青(BBM 添加量均为沥青质量的 4%)性能影响。分析结果表明,PE-g-MAH 含量≥7%,满足 81℃≤T≤125℃,且 PE-g-MAH 添加明显改善了 BBM 改性沥青的低温性能,但从对改性沥青黏度影响角度看,需要提高拌和与施工温度。

(6)对比分析了 0%、1%、3%、5%、7%、9%不同含量 PP-g-MAH、PE-g-MAH 对 TBM、BBM 改性沥青混合料性能影响。研究结果表明,随着 PP-g-MAH、PE-g-MAH 含量的增加,马歇尔稳定度、动稳定度、最大弯拉应变、抗弯拉强度、浸水残留强度比、冻融劈裂残留强度比均呈现不同程度的增加,且 PP-g-MAH 对 TBM 改性沥青混合料在高温性能、水稳定方面优于 PE-g-MAH 对 BBM 改性沥青混合料。对于低温性能而言,当 PP-g-MAH、PE-g-MAH 含量均大于 7%时满足标准要求(≥2500$\mu\varepsilon$),且 PE-g-MAH 对 BBM 改性沥青混合料低温性能影响较为显著。上述总体对比分析表明,一定含量的 PP-g-MAH 所制备的 TBM 改性沥青混合料综合性能优于 BBM 改性沥青混合料。

(7)购置了工业化生产线,确定了最佳生产工艺参数,制得合格的 TBM。研究了不同含量 TBM 对改性沥青常规技术指标及微观形貌影响。分析结果表明,TBM 添加有利于改善改性沥青混合料高低温性能,且随着 TBM 含量增加,其在基质沥青中溶解性降低。并研究了不同拌和时间、拌和温度及 TBM 含量(0.0%、0.2%、0.3%、0.4%、0.5%)对改性沥青混合料(AC-20 型)性能的影响,TBM 显著改善了改性沥青混合料的高温性能,一定含量 TBM 对改性沥青混合料低温性能有所改善,但改善幅度相对有限,且对水稳定性具有改善作用。抗老化影响研究表明,高温条件对 TBM 改性沥青混合料有负面影响。

(8)自主研制全自动智能投料机,进行实体工程应用,并进行后续跟踪监测,确定了中面层 AC-20 型 TBM 改性沥青混合料拌合楼工艺参数,并进行了经济及社会效益分析评价。

9.2 创新点

(1)分析了不同 PP-g-MAH 含量对 TBM 改性沥青性能影响,揭示了四种材料 PP-g-MAH/RPE/RPP/沥青之间相互作用机制,得出了 TBM 改性剂及改性沥青最佳配比,为占主体成分约 60%的废弃塑料 RPE、RPP 在改性沥青路面中应用提供理论与实验依据,同时对于充分再利用 RPE/RPP,降低环境污染具有重要意义。

(2)发现了 PE-g-MAH 中活性基团 MAH 与沥青中羟基-OH 相互反应形成酯类化合物网络结构有利于 BBM 改性沥青高温存储稳定改善,得到了当 PE-g-MAH 含量≥7%,满足 81℃≤T≤125℃,改性沥青存储稳定性满足标准要求。

(3)对比分析了不同含量 PP-g-MAH、PE-g-MAH 对 TBM、BBM 改性沥青混合料（AC-20 型）高温性能、低温性能、水稳定性等路用性能影响，得出了干拌和工艺条件下除低温性能外，其余技术指标 TBM 均优于 BBM。且在干拌和工艺条件下 AC-20 改性沥青混合料中 TBM 含量为 0.4% 时其性能最佳。

9.3 存在问题及今后研究建议、展望

与填埋、焚烧、自然降解等处理方式相比，废弃塑料作为沥青改性剂是目前解决"白色污染"最有效、使用量最大、最有发展前景的途径之一，尽管国内外进行了大量的研究与应用，但尚缺从改性剂制备及其工业化应用全产业链研究。据此现状，本论文从原材料到实体工程应用进行了系统性研究，但仍存在较多尚需解决的技术问题，作为今后研究的重点。

(1)本书在对 RPE、RPP 及 RPE/RPP 性能研究基础上确定了基体配方，为进一步改善 RPE/RPP 性能，重点选择 PP-g-MAH 作为增容剂对 TBM、改性沥青及其混合料性能影响研究。相比较而言，近年来纳米粒子及其改性纳米粒子增容改性 RPE、RPP 及 RPE/RPP 是共混改性中快速发展的一个新的研究方向，该技术有望降低改性剂成本且可显著改善增容效果，有利于拓展 RPE/RPP 功能化应用，今后可选择纳米粒子作为增容剂，对 RPE/RPP 性能及改性沥青及其混合料影响与 PP-g-MAH 进行对比研究，期望获得性价比最佳的 RPE/RPP 改性应用技术路线。

(2)TBM 从原材料选择、配方研究、工业化生产及实体工程应用，基本确立了以主要废弃塑料 RPE、RPP 为主的沥青混合料改性剂理论与工程应用依据，但尚未对 TBM 改性沥青混合料进行全寿命经济价值评估，以及与现有常用改性剂 SBS、废胶粉改性剂等进行长期路用性能及经济性对比分析，同时也尚缺 TBM 路用性能长期性跟踪评价。

(3)由于以 RPE、RPP 为原材料的制品在生产过程中，为了改善产品的性能需要添加不同功能的助剂，以及为了降低制品成本，满足人类对色彩的需求等，也可能会添加少量助剂，一定量的填料及颜料等。加之后续不同的使用环境、回收、分选过程等因素导致 RPE、RPP 纯度大幅度下降，为了确保所制得的 TBM 性能稳定，今后需要深入分析助剂、填料、颜料等对 TBM、改性沥青及改性沥青混合料等一系列影响。

(4)本书重点分析原材料不同比例对对于 TBM（BBM）及对应改性沥青混合料性能影响。事实上，TBM 工业化生产中双螺杆挤出机工艺参数如：挤出过程中各加热区温度、双螺杆转速、喂料速度、冷却槽水温及造粒长径比等对 TBM、改性沥青及改性沥青混合料性

能均有不同程度的影响,未来需进行深入分析讨论。

(5)对于 TBM、BBM 改性沥青及其混合料尽管从红外、微观形貌、流变等方面进行了部分微观表征分析,但为了确保所制备改性剂质量稳定性及研究的系统性,今后可通过模拟等手段从分子层面揭示 RPE、RPP、PP-g-MAH、PE-g-MAH 与基质沥青之间作用机理。

(6)对于 TBM 改性沥青混合料工程应用,尤其在改性沥青及沥青混合料方面,材料成本对交通建设十分重要,是决定材料推广应用的关键因素,本论文及工业化配方中只是应用 RPE、RPP、PP-g-MAH 三种原材料,如果在其中添加入一定比例的填料如:高岭土、轻(重)质碳酸钙粉,甚至环保回收填料如:粉煤灰、脱硫石膏等,这些填料价格相对较低,合理比例会改善改性沥青混合料性能,更重要的是能显著降低交通建设成本,该方面工作可在现有基础上尚需进一步研究。

参考文献

[1] 中华人民共和国交通运输部. 2022年交通运输行业发展统计公报[N]. 中国交通报, 2023-06-16(2).

[2] 王林, 王晓燕, 潘艳霞, 等. 国内外沥青混合料设计方法研究与工程应用[M]. 北京: 人民交通出版社股份有限公司, 2022: 前言.

[3] 于晓晓, 杨思远, 谢艳玲, 等. SBS接枝MAH方法及其改性沥青研究[J]. 石油沥青, 2019, 33(04): 36-41.

[4] 王美娜. 高速公路沥青路面预防性养护技术研究[J]. 工程建设与设计, 2018, (22): 172-173.

[5] 张超凡. 水泥路面与沥青路面优缺点比较[J]. 交通世界, 2018(27): 20-21.

[6] 鲁玉莹, 余黎明, 方洁, 等. 聚合物改性沥青的研究进展[J]. 化工新型材料, 2020, 48(4): 222-225, 230.

[7] KALANTAR Z N, KARIM M R, MAHREZ A. A review of using waste and virgin polymer in pavement[J]. Construction and Building Materials, 2012, 33(3): 55-62.

[8] 邓炜航, 屈茂会. 我国废旧塑料的废物再利用现状以及未来趋势[J]. 中国资源综合利用, 2018, 136(4): 75-77.

[9] 吴小伟. 水环境中聚丙烯微塑料的光老化过程及影响因素[D]. 南京大学, 2021.

[10] WANLI WANG, NICKOLAS J. THEMELIS, et al. Current influence of China's ban on plastic waste imports[J]. Waste Disposal & Sustainable Energy, 2019, 1(1): 67-68.

[11] 朱得城, 林燕璇, 陈纪文. 生活垃圾塑料分选与资源化技术分析[J]. 化工管理, 2021(28): 71-72, 75.

[12] United Nations Environment Assembly of the United Nations Environment Programme. Draft resolution end plastic pollution: Towards an international legally binding instrument[R/OL]. (2022-03-02) [2022-04-09]. https://wedocs.Unep.org/bitstream/handle/20.

500. 11822/38522/k2200647-unep-ea-5-l-23-rev-1-advance. Pdf? Sequence = 1 & isAllowed = y.

[13] WALKER T R, XANTHOS D. A call for Canada to move toward zero plastic waste by reducing and recycling single-use plastics[J]. Resources, Conservation and Recycling, 2018, 133: 99-100.

[14] COLANTONIO S, CAFIERO L, DE ANGELIS D, et al. Thermal and catalytic pyrolysis of a synthetic mixture representative of packaging plastics residue[J]. Frontiers of Chemical Science and Engineering, 2020, 14(2): 16.

[15] HE P J, CHEN L Y, SHAO L M, et al. Municipal solid waste (MSW) landfill: A source of microplastics? - Evidence of microplastics in landfill leachate[J]. Water Research, 2019, 159(AUG. 1): 38-45.

[16] RAGAERT K, DELVA L, VAN GEEM K. Mechanical and chemical recycling of solid plastic waste[J]. Waste Management, 2017, 69: 24-58.

[17] KESKISAARI A, KÄRKI T. The use of waste materials in wood-plastic composites and their impact on the profitability of the product[J]. Resources Conservation and Recycling, 2018, 134: 257-261.

[18] COSTA L M. B, SILVA H M. R. D, PERALTA J, et al. Using waste polymers as a reliable alternative for asphalt binder modification-Performance and morphological assessment[J]. Construction and Building Materials, 2019, 198(20): 237-244.

[19] 李明丰, 蔡志强, 邹亮, 等. 中国石化废旧塑料化学回收与化学循环技术探索[J]. 中国塑料, 2021, 35(08): 64-76.

[20] 杨锡武. 生活废旧塑料改性沥青技术及工程应用[M]. 北京: 科学出版社, 2016: 2.

[21] ROLAND G, JENNA R J, KARA L L. Production, use, and fate of all plastics ever made[J]. Science Advances, 2017, 3(7): 1-5.

[22] ALIMI O S, FARNER B J, HERNANDEZ L M, et al. Microplastics and nanoplastics in aquatic environments: aggregation, deposition, and enhanced contaminant transport[J]. Environmental science & technology, 2018, 52(4): 1704-1724.

[23] GROUP R. Plastics-the Facts 2019[J]. RFP: rubber fibres plastics international, 2020(3 Suppl.): 15.

[24] JANATUNAIM R Z, FIBRIANI A. Construction and cloning of Plastic-Degrading Recombinant Enzymes (MHETase)[J]. Recent Patents on Biotechnology, 2020, 14.

[25] CLAY B. Shifting capex could yield full circularity. [EB/OL]. USA: Chemical week,

2022，［2022－04－01］. https：//chemweek.com/document/show/Chemweek/122493/Shifting-capex-could-yield-full-circularity？connectPath=&searchSessionId=465401b4-8c23-46c6-afb8-ba835a88f2b5.

[26] JAKATI S S, KUMAR G S. Novel cold pothole patching mixtures utilizing EAF steel slag and pyro？oil from municipal plastic solid waste[J]. Innovative Infrastructure Solutions, 2024, 9(3)：55.1-55.11.

[27] 孙锴. 废塑料催化热解制备芳香烃的研究[D]. 浙江大学, 2021.

[28] 王翠芳, 黎焕敏, 随献伟, 等. 废弃塑料的回收及高值化再利用[J]. 高分子材料科学与工程, 2021, 37(1)：335-342.

[29] 郑强. 塑料与"白色污染"刍议[J]. 高分子通报, 2022(04)：1-10.

[30] 中华人民共和国生态环境部.《中华人民共和国固体废物污染环境防治法》实施情况的报告[R]. 北京：中华人民共和国生态环境部, 2017.

[31] 双玥, 夏静怡, 韩月明. C3产业链高质量发展研究及建议[J]. 化学工业, 2024, 42(01)：1-6.

[32] 中国物资再生协会再生塑料分会. 中国再生塑料行业发展报告(2019—2020)[R]. 北京：中国物资再生协会再生塑料分会, 2020.

[33] 王菡娟. 全国政协委员冯守华：城市需要多个废塑料分拣中心[N]. 人民政协报, 2022-03-19(4).

[34] 梁佳蓓. 废旧塑料改性沥青相容性的研究[J]. 辽宁化工, 2014, 43(8)：1043-1044, 1047.

[35] GEYER R, JAMBECK J R, LAW K L. Production, use, and fate of all plastics ever made[J]. Science Advances, 2017, 3(7), e1700782.

[36] 栾晓玉, 刘巍, 崔兆杰, 等. 基于物质流分析的中国塑料资源代谢研究[J]. 资源科学, 2020, 42(2)：372-382.

[37] 缪琦. 全球涉疫塑料垃圾约800万吨"双碳"将再生行业推上新风口[N]. 第一财经日报, 2021-11-22(A06).

[38] GALAN J J, SILVA L M, I Pérez, et al. Mechanical behavior of hot-mix asphalt made with recycled concrete aggregates from construction and demolition waste：a design of experiments approach[J]. Sustainability, 2019, 11(3)：1-12.

[39] NEJAD F M, AZARHOOSH A, HAMEDI G H. Effect of high density polyethylene on the fatigue and rutting performance of hot mix asphalt-a laboratory study[J]. Road Materials & Pavement Design, 2014, 15(3)：746-756.

[40] 韩丹,黄云,程利萍,等.生活及农业固废中废塑料分析鉴别及应用研究[J].再生资源与循环经济,2024,17(06):28-32.

[41] ANUAR SHARUDDIN S, ABNISA F, DAUD W, et al. A review on pyrolysis of plastic wastes[J]. Energy Conversion and Management, 2016, 115: 308-326.

[42] 杨理,梁鹏超,马晶晶,等.塑料废弃物的资源化利用研究进展[J].河南科技学院学报(自然科学版),2024,52(02):41-47.

[43] AYODELE T R, ALAO M A, OGUNJUYIGBE A. Recyclable resources from municipal solid waste: Assessment of its energy, economic and environmental benefits in Nigeria[J]. Resources Conservation and Recycling, 2018, 134: 165-173.

[44] GROUP T. Plastics-the Facts 2017. An analysis of European plastics production, demand and waste data[J]. TPE magazine international: thermoplastic elastomers, 2018(2): 9.

[45] 万建军,胡文萍.循环经济视角下废旧塑料回收与再利用探究[J].塑料工业,2024,52(02):185-186.

[46] FU Z, ZHANG S, LI X, et al. MSW oxy-enriched incineration technology applied in China: Combustion temperature, flue gas loss and economic considerations[J]. Waste Management, 2015, 38: 149–156.

[47] 王红秋,付凯妹.新形势下我国废塑料回收利用产业现状与思考[J].塑料工业,2022,50(06):38-42.

[48] CAN S, VENKATESHWARAN V, SEBASTIAN S, et al. Environmental potential of recycling of plastic wastes in Australia based on life cycle assessment [J]. Journal of Material Cycles and Waste Management, 2024, 26(2): 755-775.

[49] LEE U, HAN J, WANG M. Evaluation of landfill gas emissions from municipal solid waste-landfills for the life-cycle analysis of waste-to-energy pathways [J]. Journal of Cleaner Production, 2017, 166: 335-42.

[50] FERNANDEZ C. Proof humans are eating plastic: experts find nine different types of microp-lastic in every sample taken from human guts with water and drinks bottles blamed as the s-ource [EB/OL]. England: Daily Mail: [2018-10-23]. https://www.dailymail.co.uk/sciencetech/artic-le-6303337/Experts-nine-different-types-microplastic-stool-samples-water-bottles-blamed.html?ito=li-nk-share-article-factbox#mol-ecc48a90-d663-11e8-b9da-9de42e9737ce.

[51] HOWARD M, HOPKINSON P, MIEMCZYK J. The regenerative supply chain: a framework for developing circular economy indicators[J]. International Journal of Production Re-

search, 2018: 1-19.

[52] 王琪, 瞿金平, 石碧, 等. 我国废弃塑料污染防治战略研究[J]. 中国工程科学, 2021, 23(1): 160-166.

[53] RADUSIN T, NILSEN J, LARSEN S, et al. Use of recycled materials as mid layer in three layered structures-new possibility in design for recycling[J]. Journal of Cleaner Production, 2020, 259: 120876.

[54] 范望喜, 陆欣如, 王鑫杰. 废旧塑料的分类回收与综合利用研究[J]. 再生资源与循环经济, 2021, 14(07): 34-37.

[55] 胡延庆, 胡凡, 周剑池, 等. 废弃塑料回收与转化的研究进展[J]. 中国塑料, 2024, 38(4): 79-87.

[56] 林朗. 工程塑料在电气设备方面的应用[J]. 塑料工业, 2024, 52(02): 187-194.

[57] PLASTICSEUROPE, Plastics-the Facts 2019. An analysis of European plastics production, demand and waste data[R]. Brussels: Plastics Europe, 2019.

[58] GROUP C W. Biotrend Energy doubles planned capacity of advanced plastics recycling plant in Turkey[J]. Chemical Week, 2023, 185(9): 16-16.

[59] CHEN W-T, JIN K, WANG N-H L. The Use of Supercritical Water for the Liquefaction of Polypropylene into Oil[J]. ACS Sustainable Chemistry and Engineering, 2019: 3749-3758.

[60] 王枫成. 废旧塑料在沥青道路工程中的应用进展[J]. 化工新型材料, 2024, 52(08): 225-230.

[61] UTRACKI L A. Polymer Blends Handbook[M]. Springer, 2014.

[62] JORDAN A M, KIM K, SOETRISNO D, et al. Role of Crystallization on Polyolefin Interfaces: An Improved Outlook for Polyolefin Blends. Macromolecules[J]. 2018, 51(7), 2506–2516.

[63] 陈飞扬, 陈万锁. 废塑料的分类分选、预处理及回收现状[J]. 中国资源综合利用, 2021, 39(10): 118-134.

[64] 陶炫旭, 曹长林, 朱珂郁, 等. 废旧PE/PP共混体系的增容改性研究进展[J]. 塑料科技, 2022, 50(02): 107-110.

[65] GHINWA E, PETIT I, ALLANIC N, et al. Extension of Einstein's Law for Powermmaw Fluid to Describe a Suspension of Spherical Particles: Application to Recycled Polymer Flow[J]. Polymer Engineering and Science, 2019.

[66] GRAZIANO A, JAFFER S, SAIN M. Review on modification strategies of polyethylene/po-

ly-propylene immiscible thermoplastic polymer blends for enhancing their mechanical behavior[J]. Journal of Elastomers & Plastics, 2019, 51(4): 291-336.

[67] 王全国. 聚合物共混改性原理与应用[M]. 中国轻工业出版社, 2015, 77.

[68] BANSAL K, BAGHEL U S, THAKRAL S. Construction and Validation of Binary Phase Diagram for Amorphous Solid Dispersion Using Flory – Huggins Theory[J]. AAPS PharmSciTech, 2015, 17(2), 318 – 327.

[69] 王国全, 王秀芳. 聚合物改性[M]. 中国轻工业出版社, 2016: 23-24.

[70] 邓本诚, 李俊山. 橡胶塑料共混改性[M]. 中国石油化工出版社, 1996: 108-110.

[71] BENCHIKH L, AOUISSI T, AITFERHAT Y, et al. Effect of different compatibilization routes on the mechanical, thermal and rheological properties of polypropylene/cellulose nanocrystals nanocomposites[J]. Polymer Bulletin, 2024, 81(12): 11007-11026.

[72] ALVES L M F, LUNA C B B, COSTA A R D M, et al. Toward the reuse of styrene – butadiene (SBRr) waste from the shoes industry: production and compatibilization of BioPE/SBRr blends[J]. Polymer Bulletin, 2024, 81(11): 10311-10336.

[73] 卢波, 陆永昌, 季君晖, 等. 相容剂对PBAT/硅灰石复合材料性能的影响[J]. 北京化工大学学报(自然科学版), 2024, 51(01): 59-66.

[74] MUTHURAJ R, MISRA M, MOHANTY A K. Biodegradable compatibilized polymer blends for packaging applications: A literature review[J]. Journal of Applied Polymer Science, 2017, 135(24), 45726.

[75] FATEMEH T, HASSAN J S, MORTEZA F F S. Synergistic effect of a dual-functional SbB-g-GMA compatibilizer and Cloisite 30B on the functional properties of PET and PS blends for recycling purposes[J]. Colloid and polymer science, 2024, 302(3): 317-331.

[76] 蔡泊志. PP/PET原位微纤复合材料微注塑制品结构与性能[D]. 郑州大学, 2022.

[77] 孔宇飞. 增容废弃家电PP和HIPS共混体系的结构与性能研究[D]. 中北大学, 2018.

[78] 粟颖. 生活垃圾中废塑料回收与再生利用现状及展望[J]. 中国资源综合利用, 2021, 39(12): 112-115.

[79] 姜奕彤, 陈欣月, 吕洪兵, 等. 二氧化碳与环氧化合物催化共聚反应研究进展[J]. 当代化工研究, 2023(23): 5-7.

[80] DIVEY J. Control primary properties online in polyethylene and polypropylene reactors by using functional correlations[J]. Hydrocarbon Processing, 2024, 103(3): 61-67.

[81] 李宜芳, 黄勋. 废旧塑料共混相容性的研究[J]. 广州化工. 2010, (2): 119-121.

［82］王鑫，蒋敏，陈思月，等．聚丙烯复合材料界面增强的研究进展［J］．塑料科技，2024，52（04）：127-131．

［83］LIU P, CHEN W, BAI S. Influence of solid-state shear milling on structure and mechanical properties of polypropylene/polyethylene blends［J］. Polymer Plastics Technology & Engineering, 2018, 58: 682-689.

［84］黄照夏，瞿金平．拉伸流场诱导聚丙烯/聚乙烯结构性能演变［J］．高分子材料科学与工程，2021，37(1)：8-15．

［85］HUA G, XIE Y, OU R, et al. Grafting effects of polypropylene/polyethylene blends with maleic anhydride on the properties of the resulting wood－plastic composites［J］. Composites Part A Applied Science & Manufacturing, 2012, 43(1): 150-157.

［86］刘静，黄颖为．PP 和 PE 对废旧聚丙烯塑料的改性研究［J］．西安理工大学学报，2011，27(2)：230-233．

［87］ISAM J, IDOWU A, SHERIEN E. Gasification feasibility of polyethylene, polypropylene, polystyrene waste and their mixture: Experimental studies and modeling-ScienceDirect［J］. Sustainable Energy Technologies and Assessments, 2020, 39.

［88］李诚，胡志华，汪海，等．PP-g-MAH 和 PE-g-MAH 对玻纤增强废旧聚丙烯复合材料性能的影响［J］．塑料科技，2019，47(3)：30-33．

［89］李萍，李迎春，王文生，等．OBC-g-GMA 对回收 PP/PE 共混物性能的影响［J］．工程塑料应用，2021，49(12)：136-141，152

［90］N EL HAJJ, S SEIF, K SALIBA, et al. Recycling of Plastic Mixture Wastes as Carrier Resin for Short Glass Fiber Composites［J］. Waste and Biomass Valorization, 2018: 2261-2271.

［91］CHE C, QUAN X, Ma T, et al. Evaluation of Modified Asphalt Binders with Soybean Oil-Based Polymers: Preparation Temperature and Rheological Characterization［J］. Journal of Molecular Liquids, 2024, 403.

［92］EMMAIMA A M, ALI S I A, GALLOUZ K S. Experimental Investigation of Polymer and Nanomaterial modified Asphalt Binder［J］. engineering technology & applied science research, 2024, 14(1): 12869-12874.

［93］KALANTAR Z N, MOHAMED R K, ABDELAZIZ M. A review of using waste and virgin polymer in pavement［J］. Construction and Building Materials, 2012, 33.

［94］冯新军，傅豪．生物油/预处理废旧 PE 复合改性沥青研究［J］．建筑材料学报，2024，27(01)：37-45．

[95] LANDI D, GIGLI S., GERMANI M., et al. Investigating the feasibility of a reuse scenario for textile fibres recovered from end-of-life tyres[J]. Waste Management, 2018, 75, 187-204.

[96] SAFEER H, IMRAN H, JAMAL, et al. Sustainable use of waste plastic modifiers to strengthen the adhesion properties of asphalt mixtures[J]. Construction and Building Materials, 2020, 235（C）: 117496.

[97] 苏凯, 徐斌, 于晓晓. 废塑料改性沥青的研究进展[J]. 石油沥青, 2020, 34(06): 10-20.

[98] 李琳. 生活废塑料改性沥青的制备参数及性能研究[D]. 武汉工程大学, 2023.

[99] 周梦蝶. 沥青路面车辙受不同骨料级配影响试验研究[J]. 浙江水利水电学院学报, 2024, 36(01): 64-69.

[100] 胡腾. PE对脱硫胶粉改性沥青混凝土路用性能的影响探究[J]. 中国公路, 2024(4): 100-101.

[101] 李攀, 李东峰, 陆新焱, 等. 回收PE地膜残膜在高性能沥青路面新材料中应用[J]. 中国塑料, 2021, 35(8): 84-87.

[102] ZACHARIAH J P, SARKAR P P, PAL M. Fatigue Life of Polypropylene Modified Crushed Brick Asphalt Mix: Analysis and Prediction[J]. Proceedings of the Institution of Civil Engineers-Transport, 2020, 174(2): 1-52.

[103] 赵东东. 增塑剂对废旧塑料改性沥青及混合料性能影响研究[D]. 兰州交通大学, 2023.

[104] 山西省交通科学研究院. 公路沥青混合料用抗车辙剂技术要求及检测方法: DB 14/T 1715-2018[M]. 山西省质量技术监督局, 2018.

[105] 交通运输部公路科学研究院. 沥青混合料改性添加剂 第一部分: 抗车辙剂: JT/T 860.1-2013[M]. 中华人民共和国交通运输部, 2013.

[106] YAN K, CHEN J, YOU L, et al. Characteristics of compound asphalt modified by waste tire rubber (WTR) and ethylene vinyl acetate (EVA): Conventional, rheological, and microstructural properties[J]. Journal of Cleaner Production, 2020, 258(10): 120732.

[107] Du Z, JIANG C, YUAN J, et al. Low temperature performance characteristics of polyethylene modified asphalts-A review[J]. Construction and Building Materials, 2020, 264, 120704.

[108] 周江. 生活废旧塑料改性沥青性能影响因素论述[J]. 南方农机, 2019, (10): 251-252.

[109] YOUSEFI A A, AIT-KADI A, ROY C. Composite Asphalt Binders: Effect of Modified RPE on Asphalt[J]. Journal of Materials in Civil Engineering, 2000, 12(2): 113-123.

[110] 张永军, 王小平, 厚苏伟. 高密度聚乙烯复合材料性能改进的研究进展[J]. 塑料科技, 2021, 49(5): 103-107.

[111] 张敏. NOVOPHALT 改性沥青路面质量的控制技术[J]. 中外公路, 2004(04): 39-42.

[112] 邢洁, 魏伟, 许旭, 等. 多聚磷酸对聚乙烯改性沥青及混合料性能影响研究[J]. 公路, 2024, 69(05): 409-413.

[113] 孙春阳, 曲恒辉, 张圣涛, 等. 不同改性剂改性基质沥青性能试验[J]. 长沙理工大学学报(自然科学版), 2019, 16(2): 28-35.

[114] 朱曲平, 黄刚. 回收塑料复配 SBR 改性沥青及混合料性能与应用研究[J]. 公路工程, 2021, 46(02): 103-111+131.

[115] FANG C, LIU P, YU R, et al. Preparation process to affect stability in waste polyethylene-modified bitumen[J]. Construction & Building Materials, 2014, 54: 320-325.

[116] CUADRI A. A, ROMAN C, GARCÍA-MORALES M, et al. Formulation and processing of recycled-low-density-polyethylene-modified bitumen emulsions for reduced-temperature asphalt technologies[J]. Chemical Engineering Science, 2016, 156: 197-205.

[117] 王涛. 废旧塑料改性沥青相容性研究[D]. 北京: 中国石油大学, 2010.

[118] KAKAR M R, MIKHAILENKO P, PIAO Z, et al. Analysis of waste polyethylene (PE) and its by-products in asphalt binder[J]. Construction and Building Materials, 2021, 280: 122492.

[119] 杨锡武, 刘克, 杨大田. PE 改性沥青的几个问题[J]. 中外公路, 2008, 28(6): 203—207.

[120] LI J, YE Q, AMIRKHANIAN S, et al. Effects of Waste Polyethylene on the Rheological Properties of Asphalt Binder[J]. Journal of testing evaluation, 2020, 48(3): 1893-1904.

[121] LIANG M, SUN C, YAO Z, et al. Utilization of wax residue as compatibilizer for asphalt with ground tire rubber/recycled polyethylene blends[J]. Construction and Building Materials, 2020, 230: 116966.1-116966.12.

[122] ZHANG J Z, LI H Y, LIU P, et al. Experimental Exploration of Influence of Recycled Polymer Components on Rutting Resistance and Fatigue Behavior of Asphalt Mixtures[J].

Journal of Materials in Civil Engineering, 2020, 32(6): 1-10.

[123] NIZAMUDDIN S, JAMAL M, GRAVINA R, et al. Recycled plastic as bitumen modifier: The role of recycled linear low-density polyethylene in the modification of physical, chemical and rheological properties of bitumen[J]. Journal of Cleaner Production, 2020, 266: 121988.

[124] ALMEIDA A, CAPITO S, BANDEIRA R, et al. Performance of AC mixtures containing flakes of LDPE plastic film collected from urban waste considering ageing[J]. Construction and Building Materials, 2020, 232: 117253.

[125] 李琳,潘攀,胡小弟,等.生活废塑料改性沥青制备参数及性能研究[J].广西大学学报(自然科学版), 2023, 48(4): 811-820.

[126] RODRIGUES J A S D, ELISIO A L L F D, OSIRES N M M D, et al. Effects of using waste high-density polyethylene on the rheological, mechanical, and thermal performance of asphalt materials [J]. Environment, Development and Sustainability, 2023, 26(7): 16683-16710.

[127] POSHTMESARI A H, NEJAD F M, SARKAR A. Multi-scale Evaluation of Moisture Susceptibility of HMA Containing UHMWPE Based on Adhesion, Bond Strength, and Morphology[J]. international journal of pavement research and technology, 2024, 17(1): 183-201.

[128] GIBREIL H A A, FENG C P. Effects of high-density polyethylene and crumb rubber powder as modifiers on properties of hot mix asphalt[J]. Construction and Building Materials, 2017, 142: 101-108.

[129] MA D, ZHAO D, ZHAO J, et al. Functionalization of reclaimed polyethylene with maleic anhydride and its application in improving the high temperature stability of asphalt mixtures [J]. Construction and Building Materials, 2016, 113: 596-602.

[130] DALHAT M A, ADESINA A Y. Utilization of micronized recycled polyethylene waste to improve the hydrophobicity of asphalt surfaces[J]. Construction and Building Materials, 2020, 240: 117966.

[131] 韩贤新,刘喜军,王宇威. PP/EPR/改性纤维素复合材料的制备及性能研究[J]. 中国塑料, 2021, 35(12): 37-44.

[132] 张文华,原心红,刘金妹,等.废旧塑料在道路工程建设中的应用[J].塑料科技, 2022, 50(02): 93-97.

[133] YUANITA E, HENDRASETYAWAN B E, FIRDAUS D F, et al. Improvement of polypro-

pylene (PP)-modified bitumen through lignin addition[C]. IOP Conference Series: Materials Science and Engineering, 2017, 223, 012028.

[134] WANG S, MALLICK R B, RAHBAR N. Toughening mechanisms in polypropylene fiber-reinforced asphalt mastic at low temperature[J]. Construction and Building Materials, 2020, 248(C).

[135] 杨佳昕. 废旧聚丙烯温拌沥青的性能综合分析[J]. 四川水泥, 2019, (9): 140.

[136] AYASH A A, RAOUF R M, EWEED K M. Mechanical characteristics of asphalt mixture modified by polypropylene waste[J]. Defect and Diffusion Forum, 2019, 398: 90-97.

[137] 马立纲, 葛生深, 赵增刚. 一次性医用口罩改性沥青的流变性能研究[J]. 武汉理工大学学报(交通科学与工程版), 2022, 46(3): 519-522+527.

[138] 程培峰, 佟天宇. 废旧PP复配SBR改性沥青及其混合料性能研究[J]. 武汉大学学报(工学版), 2021, 54(10): 927-933.

[139] 范炜亮, 王克俭. 塑料包装废弃物的回收利用[J]. 塑料包装, 2021, 31(01): 53-57.

[140] LI F, ZHANG X, ZHANG K, et al. Exploring the effect of different waste polypropylene matrix composites on service performance of modified asphalt using analytic hierarchy process[J]. Construction & Building Materials, 2023(Nov.17): 405.

[141] CASEY D, MCNALLY C, GIBNEY A, et al. Development of a recycled polymer modified binder for use in stone mastic asphalt[J]. Resources Conservation and Recycling, 2008, 52(10): 1167-1174.

[142] TAPKIN S, CEVIK A, USAR U. Prediction of marshall test results for polypropylene modified dense bituminous mixtures using neural networks[J]. Expert Systems with Applications, 2010, 37(6): 4660-4670.

[143] JAVADI S H N, HAJIMOHAMMADI A, HEYDARI S, et al. Investigating the applicability of storage stability test for waste plastic modified bitumen: Morphological analyses [J]. Construction and Building Materials, 2024, 441 137451-137451.

[144] NIEN Y H, YEH P H, CHEN W CJ, et al. Investigation of flow properties of asphalt binders containing polymer modifiers[J]. Polymer Composites, 2008, 29(5): 518-524.

[145] OYELERE A, WU S, HSIAO T K, et al. Evaluation of cracking susceptibility of asphalt binders modified with recycled high-density polyethylene and polypropylene microplastics [J]. Construction and Building Materials, 2024, 438 136811-136823.

[146] 屈会朋. 耐久性复合改性沥青混合料的路用性能[J]. 山东交通学院学报, 2024, 32

（02）：19-25.

[147] 刘云全. 一种高模量沥青混凝土添加剂[P]. 中国专利：CN103073219A，2013-05-01.

[148] 宋乐春. 一种沥青混凝土添加剂及其制备方法[P]. 中国专利：CN110922084A，2020-03-27.

[149] 傅珍，常晓绒，武孟，等. 高聚物-木质素纤维复合增强剂对沥青混合料性能的影响[J]. 西安工业大学学报，2020，40(3)：266-273.

[150] 国家发展改革委，生态环境部. 关于进一步加强塑料污染治理的意见[R]. 2020.

[151] 陈信忠，温贵安，张隐西. 沥青的聚合物反应改性[J]. 石油沥青，2001(1)：28-32.

[152] KAKAR M R, MIKHAIENKO P, PIAO Z, et al. Analysis of waste polyethylene (PE) and its by-products in asphalt binder[J]. Construction and Building Materials, 2021, 280：122492.

[153] GAN Z, CHEN M, ZHANG J, et al. Influence of waste polyethylene/WCO composite on physical and chemical properties of asphalt[J]. Environmental Science and Pollution Research, 2024, 31(18)：26928-26941.

[154] LIN P, HUANG W, Li Y, et al. Investigation of influence factors on low temperature properties of SBS modified asphalt[J]. Construction and Building Materials, 2017, 154：609 - 622.

[155] CHIANG C L, MIVEHCHI M, WEN H. Towards a use of waste polyethylene in asphalt mixture as a compaction aid[J]. Journal of cleaner production, 2024, 440(Feb.10)：140989.1-140989.9.

[156] LIANG M, XIN X, FAN W, et al. Phase behavior and hot storage characteristics of asphalt modified with various polyethylene：Experimental and numerical characterizations[J]. Construction and Building Materials, 2019, 203：608-620.

[157] TELTAYEV B B, ROSSI C O, IZMAILOVA G G, et al. Evaluating the effect of asphalt binder modification on the low-temperature cracking resistance of hot mix asphalt[J]. Case Studies in Construction Materials, 2019, e00238.

[158] NISAR J, MIR M S, VIVEK. Study on optimal preparation and rheological characteristics of waste low density polyethylene(LDPE)/styrene butadiene styrene(SBS) composite modified asphalt binder[J]. Construction & Building Materials, 2023：407：133459.1-133459.12.

[159] 张婷婷，茹沛泽. 回收微塑料制备改性沥青混凝土及其性能研究[J]. 塑料科技，

2024，52（01）：28-32．

［160］杨锡武，方宇亮，刘克．裂化生活废旧塑料与 SBS 改性沥青及其混合料性能对比［J］．重庆交通大学学报（自然科学版），2017，36（3）：42-47．

［161］李茂东，辛明亮，史君林，等．老化环境下压力容器用塑料力学性能变化规律研究［J］．塑料工业，2018，46（01）：82-86．

［162］李婉逸，刘智临，苗令占，等．淡水系统中 4 种塑料颗粒的老化过程及 DOC 产物分析［J/OL］．环境科学：1-142021-04-02．

［163］CANOPOLI L，COULON F，WAGLAND S T. Degradation of excavated polyethylene and polypropylene waste from landfill［J］. The Science of the Total Environment，2020，698（1）：134125.1-134125.8．

［164］马思睿，李舒行，郭学涛．微塑料的老化特性、机制及其对污染物吸附影响的研究进展［J］．中国环境科学．2020，40（9）：3992-4003．

［165］LIU P，CHEN W，BAI S B. Influence of solid-state shear milling on structure and mechanical properties of polypropylene/polyethylene blends［J］. Polymer Plastics Technology & Engineering，2018，58：682-689．

［166］代军，晏华，郭骏骏，等．低密度聚乙烯热氧老化行为及老化动力学［J］．塑料，2017，46（01）：121-124+128．

［167］毕大芝，张勇，张隐西．高密度聚乙烯热烘箱老化中的新现象（英文）［J］．合成橡胶工业，2004（01）：47．

［168］KANG J，WANG B，PENG H，et al. Investigation on the structure and crystallization behavior of controlled-rheology polypropylene with different stereo-defect distribution［J］. Polymer Bulletin，2013，71（3）：563–579．

［169］BERTIN D，LEBLANC M，MARQUE S R A，et al. Polypropylene degradation：Theoretical and experimental investigations［J］. Polymer Degradation and Stability，2010，95（5）：782-791．

［170］符永高，项佩，邓梅玲，等．反应挤出在废旧塑料改性中的应用［J］．环境技术，2019，37（06）：117-120．

［171］张效林，薄相峰．旧报纸纤维增强回收聚丙烯共混物性能研究［J］．中国造纸学报，2014，29（02）：29-32．

［172］ATIQAH A，SALMAH H，FIRUZ Z，et al. Properties of recycled high density polyethylene/recycled polypropylene blends：effect of maleic anhydride polypropylene［J］. Key Engineering Materials，2014，594-595：837-841．

[173] 李胤, 周松, 鲁超飞, 等. PP-g-MAH 对尼龙 6/炭黑共混物性能和形貌的影响[J]. 工程塑料应用, 2021, 49(01): 44-48.

[174] 黄锦华, 陈守明, 陈伟三. 马来酸酐对 SBS 改性沥青的性能影响[J]. 合成材料老化与应用, 2013, 42(4): 25-29.

[175] 王凯, 赵新东, 郑海峰, 等. 极性分子的结构异同性对接枝改性交联聚乙烯材料直流电性能的影响[J]. 电工技术学报, 2024, 39(1): 34-44.

[176] 赵雪艳. 低密度聚乙烯再生料改性基础研究[D]. 绵阳市: 西南科技大学, 2013.

[177] 兰云军, 李临生, 杨锦宗. 马来酸酐与乙醇胺的酰化反应的研究[J]. 中国皮革, 1999(15): 5-8.

[178] 胡合贵, 戚国荣, 李新华, 等. 马来酸酐与十八醇酯化反应研究[J]. 高校化学工程学报, 1999(5): 466-469.

[179] ZHANG H, WU X, CAO D, et al. Effect of linear low density-polyethylene grafted with maleic anhydride (LLDPE-g-MAH) on properties of high density-polyethylene/styrene-butadiene-styrene (HDPE/SBS) modified asphalt[J]. Construction & Building Materials, 2013, 47(10): 192-198.

[180] 骆佳伟, 周炳, 王洪学, 等. 扩链条件对聚丁二酸丁二酯-共-对苯二甲酸丁二酯/滑石粉共混物性能的影响[J]. 中国塑料, 2024, 38(6): 1-11.

[181] 董炎明, 朱平平, 徐世爱. 高分子结构与性能[M]. 上海: 华东理工大学出版社, 2010: 278.

[182] MOFOKENG T G, OJIJO V, RAY S S. The influence of blend ratio on the morphology, mechanical, thermal, and rheological properties of PP/LDPE blends[J]. Macromolecular Materials and Engineering, 2016, 301(10): 1191-1201.

[183] CAO J, WEN N, ZHENG Y. Effect of long chain branching on the rheological behavior, crystallization and mechanical properties of polypropylene random copolymer[J]. Chinese Journal of Polymer Science, 2016, 34(9): 1158-1171.

[184] N KUKALEVA, G P SIMON, E KOSIOR. . Binary and ternary blends of recycled high-density polyethylene containing polypropylenes[J]. Polymer Engineering and Science, 2003, 43(2): 431-443.

[185] 张春波, 刘宣伯, 姚雪容, 等. 共聚焦拉曼成像技术研究 PELD/EVOH 共混物的三维相结构[J]. 中国塑料, 2024, 38(4): 1-5.

[186] NAVARRO F J, PARTAL P, MARTÍNEZ-BOZA F J, et al. Novel recycled polyethylene/ground tire rubber/bitumen blends for use in roofing applications: Thermo-mechanical

[187] BROVELLI C, CRISPINO M, PAIS J, et al. Using polymers to improve the rutting re-sistance of asphalt concrete[J]. Construction and Building Materials, 2015, 77: 117-123.

[188] ZHU J, BIRGISSON B, KRINGOS N. Polymer modification of bitumen: Advances and challenges[J]. European Polymer Journal, 2014, 54: 18-38.

[189] AHROMI S G, KHODAII A. Effects of nanoclay on rheological properties of bitumen binder[J]. Construction and Building Materials, 2009, 23(8): 2894-2904.

[190] YIN S, TULADHAR R, SHI F, et al. Mechanical reprocessing of polyolefin waste: A review[J]. Polymer Engineering & Science. 2015, 55(12): 2899-2909.

[191] 交通运输部. 公路工程沥青及沥青混合料试验规程: Standard test methods of bitumen and bituminous mixtures for highway engineering: JTG E20-2011[M]. 人民交通出版社, 2011.

[192] JASSO M, HAMPL R, VACIN O, et al. Rheology of conventional asphalt modified with SBS, Elvaloy and polyphosphoric acid[J]. Fuel Processing Technology, 2015, 140: 172-179.

[193] 杨锡武. 生活废旧塑料改性沥青技术及工程应用[M]. 北京: 科学出版社, 2016: 96.

[194] 万钰, 徐朔, 吴文朋. PE改性沥青混合料路用性能试验研究[J]. 公路工程, 2021, 46(02): 212-216.

[195] ALGHRAFY Y M, ABD ALLA E S M, ELBADAWY S M. Rheological properties and aging performance of sulfur extended asphalt modified with recycled polyethylene waste[J]. Construction and Building Materials, 2020, 273(1526): 121771.

[196] STASTNA J, ZANZOTTO L, VACIN O J. Viscosity function in polymer-modified asphalts[J]. Journal of Colloid and Interface Science, 2003, 259(1): 200-207.

[197] YANG Q, LIN J, WANG X, et al. A review of polymer-modified asphalt binder: Modification mechanisms and mechanical properties [J]. Cleaner Materials, 2024, 12 100255-199269.

[198] LIU G, GLOVER C J. A study on the oxidation kinetics of warm mix asphalt[J]. Chemical Engineering Journal, 2015, 280: 115-120.

[199] 李旭瑞. PE改性沥青多尺度流变性能[J]. 石家庄铁道大学学报(自然科学版), 2024, 37(1): 114-120.

[200] 徐加秋, 阳恩慧, 王世法, 等. Sasobit温拌沥青的低温性能评价指标研究[J]. 公路

交通科技, 2020, 37(02): 8-14+39.

[201] 姬海, 何东. TPU/Nano-TiO$_2$复合改性沥青的流变性能及微观机制[J]. 塑料, 2022, 51(01): 25-29+77.

[202] 胡腾. PE对脱硫胶粉改性沥青混凝土路用性能的影响探究[J]. 中国公路, 2024(4): 100-101.

[203] 韩丽花, 徐笠, 李巧玲, 等. 辽河流域土壤中微(中)塑料的丰度、特征及潜在来源[J]. 环境科学, 2021, 42(4): 1781-1790.

[204] G GARCÍA-TRAVÉ, R TAUSTE, F MORENO-NAVARRO, et al. Use of reclaimed geomembranes for modification of mechanical performance of bituminous binders[J]. Journal of Materials in Civil Engineering, 2016, 28(7): 04016021.

[205] CHANGQING FANG, MENGYA ZHANG, RUIEN YU, et al. Effect of preparation temperature on the aging properties of waste polyethylene modified asphalt[J]. Journal of Materials Science & Technology, 2015, 31(3): 320-324.

[206] PERVIZ AHMEDZADE, ALEXANDER FAINLEIB, TAYLAN GÜNAY, et al. Modification of bitumen by electron beam irradiated recycled low density polyethylene[J]. Construction and Building Materials, 2014, 69(oct.30): 1-9.

[207] 杜雄伟, 申峻, 王玉高, 等. 路用煤沥青改性技术的分析与评述[J]. 现代化工, 2019, 39(8): 16-22.

[208] 程俊霞, 满梦瑶, 褚宏宇, 等. 煤沥青交联改性处理对碳结构的影响[J]. 洁净煤技术, 2024, 30(02): 93-101.

[209] VENKATSUSHANTH R, FAISAL S K, AYMAN A, et al. Storage Stability and Performance Assessment of Styrene-Butadiene-Styrene: Waste Polyethylene – Modified Binder Using Waste Cooking Oil[J]. Journal of Materials in Civil Engineering, 2023, 35(11): 566-578.

[210] VARGAS M A, VARGAS M A, SANCHEZ-SOLIS A, et al. Asphalt/polyethylene blends: Rheological properties, microstructure and viscosity modeling[J]. Construction and Building Materials, 2013, 45(8): 243-250.

[211] HESP S, Woodhams R T. Asphalt-polyolefin emulsion breakdown[J]. Colloid & Polymer Science, 1991, 269(8): 825-834.

[212] SHI YIN, RABIN TULADHAR, FENG SHI, et al. Mechanical reprocessing of polyolefin waste: A review[J]. Polymer Engineering & Science, 2015, 55(12): 2899-2909.

[213] BRASILEIRO L, MORENO-NAVARRO F, TAUSTE-MARTINEZ R, et al. Reclaimed

Polymers as Asphalt Binder Modifiers for More Sustainable Roads: A Review[J]. Sustainability, 2019, 11(3).

[214] SUN Y, LI Z, SUN Y, et al. Viscosity reduction of offshore heavy oil by application of a synthesized emulsifier and its microscopic mechanism during thermal recovery[J]. Petroleum Science and Technology, 2021, 39(11-12): 646.

[215] MAHMOUD AMERI, REZA MOHAMMADI, MILAD MOUSAVINEZHAD, et al. Evaluating properties of asphalt mixtures containing polymers of styrene butadiene rubber (SBR) and recycled polyethylene terephthalate (rPET) against Failures Caused by rutting, moisture and fatigue[J]. Fratturaed Integrità Strutturale, 2020, 53: 177-186.

[216] MOHD HASAN M R, COLBERT B, YOU Z, et al. A simple treatment of electronic-waste plastics to produce asphalt binder additives with improved properties[J]. Construction and Building Materials, 2016, 110: 79-88.

[217] LIU H, ZHANG Z, YU X, et al. Preparation of polyol from waste polyethylene terephthalate (PET) and its application to polyurethane (PU) modified asphalt[J]. Construction & Building Materials, 2024(May 10): 427-441.

[218] 交通部公路科学研究所. 中华人民共和国交通部. 公路工程集料试验规程: JTG E42-2005[M]. 人民交通出版社, 2005.

[219] 交通运输部公路科学研究院. 公路沥青路面施工技术规范: JTG F40—2004[M]. 人民交通出版社, 2004.

[220] 谭忆秋. 沥青与沥青混合料[M]. 哈尔滨: 哈尔滨工业大学出版社, 2007: 102-104.

[221] TAYH S A, JASIM A F, MUGHAIDIR A M, et al. Performance enhancement of asphalt mixture through the addition of recycled polymer materials[J]. Discover Civil Engineering, 2024, 1(1): 1-18.

[222] 孙得力. PE蜡温拌沥青与集料间界面作用及增强机制[D]. 重庆交通大学, 2024.

[223] 李闯民, 彭博, 甘新众, 等. 干法和湿法制备TPCB改性沥青混合料的路用性能室内试验研究[J]. 长沙理工大学学报(自然科学版), 2022, 19(02): 49-60.

[224] 赵栩龙. 干拌直投式橡塑复合改性沥青混合料路用性能及机理研究[D]. 长安大学, 2021.

[225] 麻一明, 吴剑波, 陈宁, 等. 再生ABS材料的热氧老化性能研究[J]. 塑料工业, 2023, 51(4): 117-122.

[226] RODRIGUES J A S D, ELISIO A L L F D, OSIRES N M M D, et al. Effects of using waste high-density polyethylene on the rheological, mechanical, and thermal performance

of asphalt materials[J]. Environment, Development and Sustainability, 2023, 26(7): 16683-16710.

[227] 李孟茹. 功能化聚乙烯改性沥青及其机理研究[D]. 长安大学, 2023.

[228] 李明宸, 刘黎萍, 邢成炜, 等. 基于原子力显微技术的热再生混合料中新旧沥青融合程度量化指标和方法[J]. 中国公路学报, 2024, 37(2): 168-182.

[229] 中国石油大学(华东)重质油研究所. 石油沥青溶解度测定法: GB/T11148-2008[M]. 中华人民共和国国家质量监督检验检疫总局; 中国国家标准化管理委员会. 2008.

[230] 沈金安. 沥青及沥青混合料路用性能[M]. 北京: 人民交通出版社, 2001: 307.

[231] 杨锡武. 生活废旧塑料改性沥青技术及工程应用[M]. 北京: 科学出版社, 2016: 121.

[232] 王勇, 蒋博, 张福友, 等. PPA对废旧塑料改性沥青及其混合料路用性能影响研究[J]. 化工新型材料, 2022, 50(07): 229-234+240.

[233] 刘玉君, 寇建国, 江琪, 等. 复合阻燃温拌沥青混合料制备与性能研究[J]. 交通科技, 2022(02): 120-124.

[234] 白玉凤, 王楠楠. 废旧塑料改性沥青混合料路用性能研究[J]. 山西交通科技, 2020(02): 22-24+35.

[235] DALHAT M A, AL-ABDUL WAHHAB H I, AL-ADHAM K. Recycled Plastic Waste Asphalt Concrete via Mineral Aggregate Substitution and Binder Modification[J]. Journal of Materials in Civil Engineering, 2019, 31(8): 04019134.

[236] 杨锡武. 生活废旧塑料改性沥青技术及工程应用[M]. 北京: 科学出版社, 2016: 194-213.

[237] 钟敏, 杨赞华. 废旧塑料改性沥青研究进展[J]. 公路, 2022, 67(10): 390-396.

[238] RANIERI M, COSTA L, OLIVEIRA J R, et al. Asphalt Surface Mixtures with Improved Performance Using Waste Polymers via Dry and Wet Processes[J]. Journal of Materials in Civil Engineering, 2017, 29(10): 04017169.

[239] 薛春明. 智能投料机远程监控系统[J]. 计算机系统应用, 2017, 26(05): 68-73.

附录(检测报告)

检 测 报 告

委托(受检)单位： 山西省交通科学研究院

产品(工程)名称： 沥青混合料（德路加 D-II 抗辙裂剂）

检测项目： 冻融劈裂强度比，车辙试验动稳定度，低温弯曲破坏应变

检测类别： 委托

报告发出日期： 2018 年 7 月 4 日

国家道路及桥梁质量监督检验中心
（中路高科交通检测检验认证有限公司）

国家道路及桥梁质量监督检验中心
（中路高科交通检测检验认证有限公司）
检测报告

编号：（路材）字 2018-378　　　　　　　　　　　　共 2 页 第 1 页

样品名称	沥青混合料（德路加 D-II 抗辙裂剂）	规格型号	德路加 D-II 抗辙裂剂
受检单位	山西省交通科学研究院	检测类别	委托
生产单位	山西省交通科学研究院	生产日期	/
样品编号	（路材）字 2018-378	样品数量	1kg
检测日期	2018.06.13~2018.07.2	委托单编号	WT-LC2018-378
检测项目	冻融劈裂强度比，车辙试验动稳定度，低温弯曲破坏应变			
检测依据	JTG E20-2011《公路工程沥青及沥青混合料试验规程》			
检测环境	温度：24℃		湿度：32%R.H	
备注	/			

	序号	名称	型号	设备编号
检测用主要仪器和设备	1	马歇尔电动击实仪	LD139	4-36
	2	全自动车辙试验仪	JTCZ-3	4-01
	3	多功能路面材料试验机	LD127	4-11
	4	电液式轮碾成型机	JYCX-1	4-03
	5	电子万能材料试验机	RGM-4020	4-82
	6	低温试验箱	FQDW-50	4-102
	7	电热鼓风干燥箱	101-1B	4-103
	8	/	/	/

检测：　　　　审核：　　　　批准：

国家道路及桥梁质量监督检验中心
（中路高科交通检测检验认证有限公司）
检测报告

编号：（路材）字 2018-378　　　　　　　　　共 2 页 第 2 页

采用委托单位提供的德路加 D-II 抗辙裂剂，粗、细集料（石灰岩）、矿粉（石灰岩）为我中心试验室提供，各材料均满足规范相关技术要求。按照委托内容，试验采用 AC-20C 级配（见表 1），最佳油石比为 4.5%，国家道路及桥梁质量监督检验中心根据相关试验规程进行了沥青混合料性能验证见表 2。

表 1 沥青混合料试验级配（AC-20C）

筛孔尺寸(mm)	19	16	13.2	9.5	4.75	2.36	1.18	0.6	0.3	0.15	0.075
通过率(%)	99.4	85.8	77.2	63.4	34.7	28.3	17.9	12.4	8.5	6.7	5.8

表 2 沥青混合料性能检验结果

试验项目	单位	检测结果	技术要求	试验方法
冻融劈裂试验残留强度比	%	86.8	≥85	T 0729-2011
低温弯曲破坏应变	$\mu\varepsilon$	2633	≥2500	T 0715-2011
动稳定度	次/mm	7160	≥2800	T 0719-2011
备注	1. 技术要求由委托方提供。 2. 动稳定度试验应委托方要求填写车辙试验动稳定度具体数值。 3. 德路加 D-II 抗辙裂剂掺量为沥青混合料的 0.4%。			

检测：　　　　　审核：　　　　　批准：

注 意 事 项

1. 本报告每页都应盖有"报告专用章"或骑缝章，否则视为无效。
2. 复制报告未重新加盖"报告专用章"或单位公章无效。
3. 报告无检验检测人、审核人、批准人签印无效。
4. 报告涂改无效，部分提供和部分复制报告无效。
5. 对报告若有异议，应于本报告发出之日起十五天内向本中心提出，逾期不予受理。
6. 对于送样检验检测，仅对来样的检验检测数据负责，不对来样所代表的批量产品的质量负责。

本中心通信地址： 北京市海淀区西土城路 8 号（北京市通州区马驹桥镇交通运输部试验场）

邮政编码：100088（101102）

电　话：(010) 62079574

传　真：(010) 62079582

Email: gljczhx@rioh.cn

攻读学位期间取得的研究成果

一、出版专著一部(独著)

张文才. 废弃 PE/PP 共混及其对沥青改性与工程应用技术[M]. 吉林大学出版社，2024.

二、以第一作者发表学术论文

[1] Wencai Zhang, Jun Shen, Xiaogang Guo, et al. Comprehensive Investigation into the Impact of Degradation of Recycled Polyethylene and Recycled Polypropylene on the Thermo-Mechanical Characteristics and Thermal Stability of Blends[J]. Molecules,（SCI, IF：4.2），(2024、29/18、4499), doi.org/10.3390/molecules29184499.（SCI 二区，对应论文第 2 章）

[2] Wencai Zhang, Xiaogang Hao, Changxin Fan, et al. Effect of Polypropylene Grafted Maleic Anhydride (PP-G-MAH) on the Properties of Asphalt and its Mixture Modified With Recycled Polyethylene/Recycled Polypropylene (RPE/RPP) Blends[J]. Frontiers in Materials,（SCI, IF：3.985），(2022、9、814551), doi.org/10.3389/fmats.2022.814551.（SCI 四区，对应论文第 4 章）

[3] 张文才，郝晓刚，郑美军，等. PP-g-MAH 含量对废旧 PE/PP 共混物性能的影响[J]. 塑料科技，2022, 50(05): 76-81.（对应论文第 3 章）

[4] 张文才，郝晓刚，李萍，等. 聚乙烯接枝马来酸酐含量对废旧聚乙烯改性沥青性能的影响[J]. 中国塑料，2022, 36(06): 24-31.（对应论文第 5 章）

[5] 张文才，郝晓刚，裴强，等. 废弃聚乙烯/废弃聚丙烯共混物功能化改性沥青混合料性能研究[J]. 中国塑料，2023, 37(05): 40-47.（对应论文第 7 章）

[6] 张文才，郝晓刚，裴强，等. 废弃聚乙烯、废弃聚丙烯改性沥青的研究进展[J]. 中国塑料，2023, 37(06): 91-98.（对应论文第 1 章）

[7] 张文才. 基于正交试验设计制备抗车辙剂及其对 AC-13 高温性能影响[J]. 山西交通科技，2020, (05): 1-3, 7.

[8] 张文才. 两种废弃聚合物 HDPE、LLDPE 对 AC-20 混合料性能的影响[J]. 山西交通科技，2021, (01): 1-3, 6.

[9] 张文才. RPE/RPP/SP 复合改性剂(PGSM-01)对 AC-13 沥青混合料性能影响[J]. 山西交通科技，2021(05): 1-3, 7.

三、其他已发表学术论文

[1] 杨喜英,张文才,赵志新.纳米碳酸钙/废旧聚乙烯功能化复合改性沥青性能影响及机理研究[J].中国塑料,2023,37(10):85-92.

[2] 杨喜英,陈梦,张文才,等.纳米碳酸钙/SBS复合改性沥青热稳定性研究[J].中国塑料,2023,37(08):45-54.

[3] 赵永飞,张文才,王科,等.废弃聚乙烯改性剂改性沥青研究及其应用技术进展[J].中国塑料,2024,38(07):93-99.

[4] 陈梦,李文良,张涛,张文才,杨喜英.胶粉/SBS复合改性沥青抗老化性能与机理研究[J].中国塑料,(已录用,2025.05见刊).

四、以第一发明人撰写国家发明专利

[1] 张文才,郝晓刚丰功吉,马德崇,刘俊权,张巨功,赵艳.一种沥青混合料改性剂及其制备方法.国家发明专利.CN109320978A.2019-02-12.

[2] 张文才,郝晓刚,丰功吉,马德崇,刘俊权,张巨功,赵艳.一种沥青混合料改性剂及其制备方法.国家发明专利.CN108373521A.2018-08-07.

[3] 张文才,郝晓刚,张忠林,丰功吉,刘俊权,张巨功,赵艳.一种疏水型乳化沥青防水涂料及其制备方法.国家发明专利.CN107502190A.2017-12-22.

五、合作撰写国家发明专利

[1] 裴强,张文才,畅润田,王尚武,沙晓鹏,郝文斌,王志雨,杨喜英,程海涛,杨玉东,王慧,陈梦,杨雯,聂龙飞,樊长昕.一种适用于厂拌热再生的缓释型再生剂及其制备方法.国家发明专利.CN202210076133.1,2024-07-05.

[2] 张影,申力涛,刘哲,李登华,蔡丽娜,穆建青,谢邦柱,张文才,丰功吉.一种用于腐蚀-冻融耦合环境下的混凝土修复干混砂浆及其制备方法.国家发明专利.CN111848061A.2020-10-30.

[3] 刘俊权,任秉龙,马德崇,张志敏,周亚军,张文才,张巨功,丰功吉.一种反应型沥青路面灌缝剂及其制备方法.国家发明专利.CN109694681A.2019-04-30.

[4] 刘俊权,张志敏,丰功吉,张文才,张巨功.一种自交联钢结构防火涂料及其制备方法.国家发明专利.CN104725957B.2017-03-29.

[5] 张志敏,刘俊权,丰功吉,舒兴旺,张巨功,张文才.一种隧道路面用沥青阻燃剂.国家发明专利.CN104710803B,2018-01-02.

[6] 裴强,王志雨,樊长昕,薛君,崔晓杰,张一舒,张文才,吉月明,蔡丽娜,畅润田,沙晓鹏,郝文斌,杨喜英,聂龙飞,陈梦.一种适用于就地热再生的高渗透再生剂及其制备方法.国家发明专利.CN114539792A,2022-05-27.

六、已结题与在研科研项目

[1] 山西省交通控股集团有限公司科技项目，一种新型环保资源型沥青混合料改性剂制备及其机理研究，18-JKKY-11，山西省交通控股集团有限公司，2018.08-2021.08（已结题），主持。

[2] 山西省交通控股集团有限公司科技项目，高模量抗辙裂剂在重交通中面层中的应用，19-JKKJ-47，山西省交通控股集团有限公司，2019.02-2021.08（已结题），主持。

[3] 山西省应用基础研究计划项目，再生剂与老化沥青微观作用机理研究，201901D211552，山西省科学技术厅，2019.10-2022.10（已结题），主持。

[4] 山西省交通运输厅科技项目，筑路用高模量硬质颗粒沥青的制备及应用，2016-1-27，山西省交通运输厅，2016.01-2018.09（已结题），主要参与。

[5] 山西省交通运输厅科技项目，冷再生环氧树脂沥青混合料用于沥青上面层技术研究，2016-1-27，山西省交通运输厅，2016.01-2018.09（已结题），主要参与。

[6] 山西省交通控股集团有限公司科技项目，沥青路面低温快速修补用关键材料的开发，19-JKKJ-49，山西省交通控股集团有限公司，2019.06-2022.12（已结题），主要参与。

[7] 山西省交通控股集团有限公司科技项目，水泥基快速修补料推广应用，19-JKKJ-50，山西省交通控股集团有限公司，2019.06-2022.12（已结题），主要参与。

[8] 山西交通科学研究院集团有限公司创新发展计划项目，智能型指纹识别式沥青质量快速检测分析监控系统的构建，20-JKCF-64，2020.6-2021.12（已结题），主要参与。

[9] 山西工程科技职业大学校级基金项目，rPF功能化改性沥青相容性及其机理研究，KJ202303，山西工程科技职业大学，2024.01-2026.01（在研），主持。

[10] 山西工程科技职业大学校级基金项目，SBS改性沥青微观-宏观性能关联机制的构建，KJ202307，山西工程科技职业大学，2024.01-2026.01（在研），主要参与。

七、主持申报科研项目

[1] 2017年，作为主持申请山西省交通运输厅科技项目《生物基不粘轮粘层油的开发与应用》。

[2] 2018年，作为主持申请山西省交通运输厅科技项目《四类高模量沥青混合料机理分析及应用对比研究》。

[3] 2020年，作为主持申请山西省交通控股集团有限公司科技创新项目《废旧聚合物功能化及改性沥青相容性研究》。

[4] 2021年，作为主持申请山西省交通控股集团有限公司科技创新项目《聚合物基复合电缆沟盖板的开发及应用研究》。

［5］2022年，作为主持申请山西省交通控股集团有限公司科技创新项目《隧道路面铺筑水性环氧沥青抗滑磨耗层材料研究》。

［6］2023年，作为主持申请山西省交通控股集团有限公司科技创新项目《高速公路用废弃塑料基电缆沟盖板的开发及应用研究》。

［7］2024年，作为主持申请山西省交通控股集团有限公司科技创新项目《耐低温高韧性就地热再生沥青混合料关键技术及路用性能研究》。

八、地方标准制定

［1］2018年，作为主要参与人制定《公路沥青混合料用抗车辙剂技术要求及检测方法：DB 14/T 1715-2018》山西省质量技术监督局标准。

［2］2024年，主持成功申请山西省交通运输厅《生物基环保型沥青路面坑槽快速修补冷补料应用技术规程》山西省地方标准，项目编号2024-02147，山西省质量技术监督局标准，2024.06-2025.06（在研），主持。